全国中等职业学校机械类专业通用
全国技工院校机械类专业通用（中级技能层级）

冷作工工艺与技能训练（第三版）习题册

郑文杰　主编

中国劳动社会保障出版社

简 介

本习题册是全国中等职业学校机械类专业通用教材/全国技工院校机械类专业通用教材（中级技能层级）《冷作工工艺与技能训练（第三版）》的配套用书。本习题册紧扣教学要求，按照教材单元课题顺序编排，知识点分布均衡，题型丰富多样，难易配置适当，有助于学生复习巩固所学知识。

本习题册由郑文杰担任主编，常明、杨光刚、代野、王大明参加编写。

图书在版编目(CIP)数据

冷作工工艺与技能训练（第三版）习题册 / 郑文杰主编. -- 北京：中国劳动社会保障出版社，2020

全国中等职业学校机械类专业通用　全国技工院校机械类专业通用. 中级技能层级

ISBN 978-7-5167-4753-7

Ⅰ. ①冷…　Ⅱ. ①郑…　Ⅲ. ①冷加工-工艺学-中等专业学校-习题集　Ⅳ. ①TG386-44

中国版本图书馆 CIP 数据核字(2020)第 214597 号

中国劳动社会保障出版社出版发行

（北京市惠新东街 1 号　邮政编码：100029）

*

三河市华骏印务包装有限公司印刷装订　新华书店经销

787 毫米×1092 毫米　16 开本　10.75 印张　253 千字

2020 年 11 月第 1 版　2020 年 11 月第 1 次印刷

定价：21.00 元

读者服务部电话：（010）64929211/84209101/64921644

营销中心电话：（010）64962347

出版社网址：http://www.class.com.cn

http://jg.class.com.cn

目　录

第一单元　冷作识图 ……………………………………………（ 1 ）
　课题一　冷作识图基础知识 ……………………………………（ 1 ）
　课题二　典型冷作产品结构图 …………………………………（ 4 ）

第二单元　放样 ………………………………………………（ 9 ）
　课题一　结构放样基础训练 ……………………………………（ 9 ）
　课题二　展开放样基础训练 ……………………………………（ 15 ）
　课题三　桁架结构放样 …………………………………………（ 42 ）
　课题四　板架结构放样 …………………………………………（ 44 ）
　课题五　容器结构放样 …………………………………………（ 46 ）

第三单元　下料 ………………………………………………（ 50 ）
　课题一　剪切 ……………………………………………………（ 50 ）
　课题二　冲裁 ……………………………………………………（ 60 ）
　课题三　气割及数控切割 ………………………………………（ 67 ）

第四单元　矫正 ………………………………………………（ 73 ）
　课题一　手工矫正 ………………………………………………（ 73 ）
　课题二　机械矫正 ………………………………………………（ 79 ）
　课题三　火焰矫正 ………………………………………………（ 82 ）
　课题四　构件的矫正 ……………………………………………（ 87 ）

第五单元　零件的预加工 ……………………………………（ 89 ）
　课题一　钻孔 ……………………………………………………（ 89 ）
　课题二　磨削与开坡口 …………………………………………（ 94 ）
　课题三　手工切削加工 …………………………………………（ 96 ）

第六单元　复合作业（一） …………………………………（101）
　课题一　框架梁制作 ……………………………………………（101）

课题二　换热器部件放样与下料 …… (102)

第七单元　弯形与压延 …… (105)
课题一　压弯 …… (105)
课题二　滚弯 …… (112)
课题三　手工弯形 …… (115)
课题四　容器封头的压延 …… (119)
课题五　水火弯板与其他成形加工 …… (121)

第八单元　装配 …… (123)
课题一　装配基础训练 …… (123)
课题二　桁架结构装配 …… (127)
课题三　板架结构装配 …… (130)
课题四　容器结构装配 …… (134)

第九单元　复合作业（二） …… (138)
课题一　离心式通风机机壳制作 …… (138)
课题二　车体构件制作 …… (140)
课题三　煤气管道支架制作 …… (142)

第十单元　连接 …… (145)
课题一　铆接与胀接 …… (145)
课题二　焊接 …… (150)
课题三　螺纹连接 …… (155)

第十一单元　复合作业（三） …… (158)
课题一　工艺规程基本知识 …… (158)
课题二　搅拌机槽体制作 …… (159)
课题三　筒式旋风除尘器筒体制作 …… (161)
课题四　型钢组合小梁制作 …… (163)
课题五　储液罐体制作 …… (165)

第一单元　冷作识图

课题一　冷作识图基础知识

子课题 1　冷作图样的表达方法

一、填空题（将正确答案填写在横线上）

1. 图样是工程技术界的___________，是生产和检验产品的___________。

2. 一般冷作图样由___________、___________和___________等组成。

3. 冷作构件的___________与___________相差较大，造成图样上轮廓接合处的线条密集，其细节部分往往很难表达，所以图样中___________、___________、___________、___________等较多。

4. 一般冷作图样上只标出主要的技术尺寸，有些零件的尺寸没有标出，只有通过________或________才能确定。

5. 冷作图样中________、________较多，尤其是在锅炉、压力容器、管路图中更为常见。

二、判断题（正确的打“√”，错误的打“×”）

1. 冷作加工对象和加工工艺具有特殊性，其图样与其他加工方式的图样有所区别。（　　）

2. 一般来说，冷作图样的种类较多、较简单。（　　）

3. 对于一些较简单的焊接图，往往采用整体形式表达方法。（　　）

三、简答题

1. 简述冷作图样的特点。

2. 冷作图样的表达方法有哪几种？简述每种表达方法的应用场合。

3. 根据识图入门训练，试归纳冷作识图的基本步骤。

子课题 2　焊缝符号与焊接方法代号

一、填空题（将正确答案填写在横线上）

1. 当焊缝分布比较简单时，可不必画出焊缝。对于焊接要求一般都采用__________和__________代号来表示。

2. 焊缝符号可以表示出____________、____________及____________、__________特征、焊缝某些特征或其他要求。

3. 完整的焊缝符号包括________、________、________、________及数据等。

4. 为了简化，在图样上标注焊缝时通常只采用__________和________，其他内容一般在有关文件（如焊接工艺规程等）中明确。

5. 基本符号主要表示焊缝横截面的____________或____________。

6. 补充符号用来说明有关________或________的某些特征，如表面形状、衬垫、焊缝分布、施焊地点等。

7. 指引线由__________和________组成。

8. 为了简化焊接方法的标注和说明，国家标准规定了用________表示金属________及________方法的代号。

二、选择题（将正确答案的代号填入括号内）

1. 焊缝符号和焊接方法代号是一种工程界语言，它是由（　　）统一规定的。

   A. 国家标准　　B. 行业标准　　C. 企业标准

2. 国家标准《焊缝符号表示法》（GB/T 324—2008）规定，基本符号有（　　）个。

   A. 10　　B. 20　　C. 30

3. 基准线一般应与图样的底边（　　）。

A. 平行　　B. 垂直　　C. 倾斜

4. 焊缝横截面上的尺寸标注在基本符号的（　　）。

A. 左侧　　B. 右侧　　C. 上侧或下侧

5. 焊缝长度方向的尺寸标注在基本符号的（　　）。

A. 左侧　　B. 右侧　　C. 上侧或下侧

6. 坡口角度、坡口面角度、根部间隙标注在基本符号的（　　）。

A. 左侧　　B. 右侧　　C. 上侧或下侧

7. 常用焊接方法代号“111”表示的焊接方法是（　　）。

A. 埋弧焊　　B. 电弧焊　　C. 焊条电弧焊

8. 焊缝尺寸符号中的 t 表示（　　）。

A. 工件厚度　　B. 工件宽度　　C. 工件长度

9. 常用焊缝尺寸符号中的 K 表示（　　）。

A. 焊缝宽度　　B. 焊脚尺寸　　C. 工件厚度

10. 常用焊缝尺寸符号中的 h 表示（　　）。

A. 焊缝宽度　　B. 焊脚尺寸　　C. 余高

三、判断题（正确的打“√”，错误的打“×”）

1. 标注双面焊焊缝或接头时，基本符号可以组合使用。（　　）
2. 基准线必须与图样的底边平行，绝不允许与底边垂直。（　　）
3. 基准线中实线和虚线的上下位置不可互换。（　　）
4. 基本符号在实线侧时，表示焊缝在箭头侧。（　　）
5. 对称焊缝允许省略虚线。（　　）
6. 当尺寸较多不易分辨时，可在数据前面标注相应的尺寸符号。（　　）
7. 确定焊缝位置的尺寸应在焊缝符号中标注，不应将其标注在图样上。（　　）
8. 在基本符号的右侧无任何尺寸标注又无其他说明时，表示焊缝在工件的整个长度方向上是连续的。（　　）
9. 塞焊缝、槽焊缝带有斜边时，应标注其底部的尺寸。（　　）

四、简答题

1. 焊缝符号中的基本符号与基准线的相对位置是如何规定的？

2. 焊缝符号中尺寸的标注原则是什么？

3. 解释图 1－1 中焊缝符号所表示的含义。

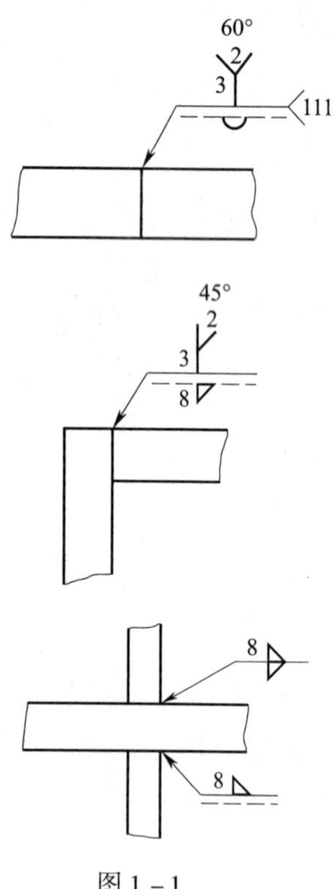

图 1－1

课题二 典型冷作产品结构图

子课题 1 桁架结构识图训练

一、填空题（将正确答案填写在横线上）

1. 桁架结构是由各种形状的________组合而成的结构。
2. 一般来说，桁架结构图比较复杂，主要包括构件的__________和__________。
3. 钢结构节点详图包括构件的________、________及节点的________等。

二、判断题（正确的打“√”，错误的打“×”）

1. 桁架结构图中的总体布置图表示整个钢结构构件的布置情况，一般用单线条绘制并标注出几何中心线尺寸。（　）

2. 桁架结构图的表达方法与常规机械制图的表达方法完全一样。（　）

三、简答题

1. 简述冷作识图的基本方法。

2. 复杂桁架结构件图样常采用什么方式来表达？识读复杂桁架结构件图样的关键是什么？

子课题2　板架结构识图训练

一、填空题（将正确答案填写在横线上）

1. 因为板架结构属于__________，所以要求板架结构应具有足够的________。

2. 一般来说，板架结构是承受________的，主要对某些机器、设备或设备中的某些元件起________作用。

3. 组成板架结构的常用材料是________，但有时也可采用__________或__________与__________组合结构制成。

二、判断题（正确的打“√”，错误的打“×”）

1. 板架结构除了对强度有较高要求外，对制造精度要求也很高。（　）

2. 板架结构完全采用机械制图中规定的机件的各种表达方式。（　）

三、简答题

1. 简述板架结构读图的方法。

2. 简述板架结构读图的步骤。

子课题3 容器结构识图训练

一、填空题（将正确答案填写在横线上）

1. 容器结构是以__________为主体制造的结构，如油罐、塔、压力容器等，而且以________为多，________结构较少。

2. 就连接方式而言，容器结构以_______连接方式为多，而_______、_______和_______连接的结构逐渐减少。

3. 容器类图样一般可分为_______、_______和______________。

二、判断题（正确的打"√"，错误的打"×"）

1. 容器类图样一般是用正投影的三面视图来表达的。 （　）

2. 一般情况下，容器类图样的高度方向为正面投影，称为主视图；平面方向为俯视投影，称为俯视图。 （　）

三、简答题

1. 简述识读容器类图样的方法。

2. 用正投影的三面视图来表达容器结构时，各视图应如何选择？

子课题 4　管道施工图识图训练

一、填空题（将正确答案填写在横线上）

1. 管道是所有管线的统称。管线是由________、________、________等基本单元组成的。

2. 管道施工图中常见的是______________和______________。

3. 管道布置图应注明各类管道的________、________、__________和________及管件等。

4. 管道施工图有________和________的画法，同时有________和________等多种图示法。

5. 管道施工图中对管段可采用__________图、________图和________图的表示方法。

6. 管道轴测图一般多用单线图表示，常用的有______________和______________。

二、判断题（正确的打“√”，错误的打“×”）

1. 管道施工图就是管道布置图。（　　）

2. 管道布置图应有平面图和立面图。（　　）

3. 无缝钢管或有色金属管道的管径应标注公称直径“DN”。（　　）

4. 阀门是管道中通过改变其内部通路面积来控制管路中介质流动的通用机械产品，是管道线路中必不可少的管件。（　　）

三、简答题

1. 简述管道轴测图的表示方法。

2. 简述管径的标注方法。

3. 将下列阀门符号的名称填写在括号内。

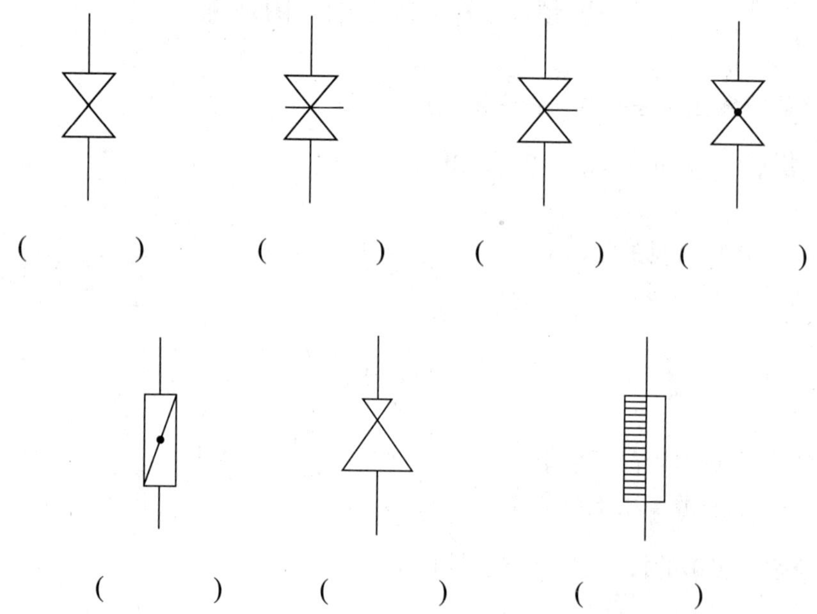

( ) ( ) ( ) ( )

( ) ( ) ( )

第二单元 放 样

课题一 结构放样基础训练

子课题1 结 构 放 样

一、填空题（将正确答案填写在横线上）

1. 放样是制造金属结构的________工序，它对保证________、缩短__________、________原材料等都有着重要的作用。

2. 金属结构放样一般要经过________、________、________三个过程。

3. 结构处理主要是考虑原设计结构从________角度看是否________、________，并处理因受所用________、________和________等因素影响而出现的结构问题。

4. 在结构处理中要考虑的问题多种多样，放样者要根据产品的________和________加以妥善解决。

5. 在冷作工生产实践中，形成了以________放样为主的多种放样方法。

6. 实尺放样就是采用________的比例放样。

7. 放样划线基准是指放样划线时用以确定其他________、________、________空间位置的依据。

8. 在图样上用来确定其他点、线、面位置的基准称为__________。

9. 较短的基准线可以直接用________或________划出，而对于外形尺寸长达几十米甚至超过百米的大型金属结构，则需用拉钢丝配合________或________的方法划出基准线。

10. 作好基准线后，还要经过必要的________，并标注规定的________。

11. 进行线型放样必须严格遵循________规律，以划出设计要求必须保证的________为主，而因________可能变动的线型则可________不划。

12. 结构放样就是在________放样的基础上，依制造工艺要求进行________处理的过程。

13. 展开放样是在________放样的基础上，对不反映________或需要________的部件进行展开，以求取________的过程。

14. 展开放样的具体过程是________、________及根据已作出的展开图制作__________或______________。

15. 按用途分类，样板可分为__________、__________和__________三类。

16. 成形样板是指用于检验成形加工零件的________、________、________及________的样板，其又可分为________和________。

17. 卡形样板主要用于检查弯形件的________和________。

18. 验形样板主要用于成形加工后检查零件整体或某一局部的________和________。

19. 定位样板用于确定构件之间的________以及各种孔口的________和________。

20. 样杆主要用于________，有时也用于简单零件的________。

21. 样板、样杆的画样方法主要有________和________两种。

22. 过渡划样法又称过样法，这种方法分为__________和__________两种，多用于制作简单________零件的号料样板和一般加工样板。

23. 不覆盖过样法是指通过作________或________，将实样图中零件的形状、位置引划到样板料上的方法。

24. 覆盖过样法是指事先将需要过样的图线延长到不被________遮盖的长度，然后将样板材料覆盖于实样之上，再利用露出的各________将实样各线划出。

25. 样板、样杆使用后应妥善保管，避免因________、________而影响精度。

26. 放样误差包括___________和______________中的误差。

27. 在放样过程中，由于受到__________、__________和__________________等因素的影响，实样图会出现一定的尺寸偏差。把这种偏差限制在一定的________，称为放样允许误差。

28. 光学放样是在实尺放样基础上发展起来的一种新工艺，它是__________和__________的总称。

29. 将计算机__________与计算机__________相结合，就可以形成一个完整的__________系统。

30. 计算机放样代替了__________、__________、__________等绘图工具，极大降低了劳动强度，提高了放样的__________和__________。

二、选择题（将正确答案的代号填入括号内）

1. 进行线型放样时要选定放样划线基准，放样划线时每个图要选取（　　）个基准。

   A. 1　　B. 2　　C. 3

2. 放样时有许多线条要划，通常是以（　　）开始的。

   A. 垂线　　B. 平行线　　C. 基准

3. 放样划线基准通常与（　　）一致。

   A. 测量基准　　B. 设计基准　　C. 装配基准

4. 用于成形加工后检查零件整体或某一局部的形状和尺寸的样板属于（　　）样板。

   A. 成形　　B. 验形　　C. 卡形

5. 在制作圆弧工件的卡形样板时，（　　）是样板标注必不可少的内容。

   A. 产品代号　　B. 材料牌号　　C. 弯形半径

6. 样杆主要用于（　　）。

   A. 定位　　B. 号料　　C. 检验

7. 放样时都会出现放样误差，位置线的放样允许误差值一般为（　　）mm。

   A. ±1　　B. ±0.5 ~ ±1　　C. ±0.5

三、判断题（正确的打“√”，错误的打“×”）

1. 放样不一定是指展开放样。（　　）

2. 所有金属结构的放样都包括线型放样、结构放样和展开放样三个过程。 (　　)

3. 放样图与施工图完全一样，只不过一个划在平台上，一个画在图纸上。 (　　)

4. 丰富的专业知识和实践经验对放样中的结构处理环节起着决定性作用。 (　　)

5. 在物体的几何要素中，只有直线和平面可以作为基准，曲线和曲面则不可用作基准。 (　　)

6. 度量尺寸时要先确定一个起点，这个起点就是基准。 (　　)

7. 实尺放样按 1∶1 的比例进行，但尺寸过大时也可以缩小比例。 (　　)

8. 无论是使用划针还是石笔划线，其与划线平面的倾斜角度都应保持一致。 (　　)

9. 直角尺属于常用量具，要经常进行检验。 (　　)

10. 制作样板必须要与图样的尺寸一致。 (　　)

11. 冷作工划较长的垂直线时可以直接用量角器或直角尺划出。 (　　)

12. 样杆一般用扁钢条或铅条制作，也常应用木质样杆，但木条必须干燥，以防止收缩变形。 (　　)

13. 实际生产中，要确定每一个构件的实际尺寸均需要放样。 (　　)

14. 结构处理中要考虑的问题是多种多样的，放样者要根据产品的具体情况和企业条件妥善解决。 (　　)

15. 卡形样板主要用于检查弯形件的形状和尺寸。 (　　)

16. 光学放样法的典型应用领域就是造船工业。 (　　)

17. 计算机放样是今后冷作工放样的发展趋势。 (　　)

18. 光学放样仍然采用的是实尺放样的方法。 (　　)

四、简答题

1. 什么是放样？放样的任务有哪些？

2. 什么是放样划线基准？放样划线基准一般应如何选择？

3. 什么是线型放样？进行线型放样时要注意哪些问题？

4. 什么是结构放样？结构放样包含哪些内容？

5. 当构件的结构形式与工艺要求有矛盾时，放样时应如何处理？

6. 简述展开放样的具体过程。

7．样板通常分为哪几类？试说明每一类的具体用途。

8．样板、样杆的划样方法主要有哪两种？

9．什么是工艺余量？确定工艺余量时主要考虑哪些因素？

10．采用计算机放样在生产实践中有哪些优越性？

子课题2　号　　料

一、填空题（将正确答案填写在横线上）

1．号料是一项________而________的工作，必须按有关技术要求进行。

2．号料时，要着眼于产品的整个制造工艺，充分考虑________问题，灵活而准确地在各种板料、型钢及成形零件上进行号料________。

3. 号料前应将材料垫放________、________，既要有利于号料划线、保证划线精度，又要保证________且不影响他人工作。

4. 利用各种方法、技巧，合理铺排零件在材料上的________，最大限度地提高材料的__________，是号料的一项重要内容。

5. 生产中，常采用________、________和________的排料方法来达到合理用料的目的。

6. 在进行二次号料前，结构的形状必须________，消除结构存在的________，并进行精确定位。

二、选择题（将正确答案的代号填入括号内）

1. 号料时，集中套排的目的是（　　）。
   A. 提高材料利用率　　B. 将相同的零件放在一起
   C. 将不同形状的零件放在一起

2. 材料利用率越高，（　　）。
   A. 余料越多　　B. 余料越少　　C. 零件越少

3. 分块排料法是为了（　　）。
   A. 切割零件方便　　B. 排料方便　　C. 提高材料利用率

4. 大型结构二次号料前，应在现场用常规划线工具配合（　　）等进行二次号料划线。
   A. 直角尺　　B. 线锤　　C. 经纬仪

三、判断题（正确的打"√"，错误的打"×"）

1. 放样和号料都是根据图样进行的划线操作，所以其性质相同。（　　）

2. 号料不一定只是一次号料。（　　）

3. 号料样板不允许与号孔样板混用。（　　）

4. 装配定位线或结构上的某些孔口需要在零件加工后或装配过程中划出，这属于二次号料。（　　）

5. 在实际生产中，为了提高材料的利用率，常用"以小拼整"的结构，不必考虑工艺要求。（　　）

四、简答题

1. 什么是号料？

2. 金属结构件号料时的一般技术要求有哪些？

3. 型钢号料有哪些特殊之处？

4. 为什么要进行二次号料？

课题二　展开放样基础训练

子课题1　基本形体展开放样

一、填空题（将正确答案填写在横线上）

1. 在构件的展开图上，所有图线都是构件表面上对应线段的________。
2. 平面曲线的投影是否反映实长，由该曲线所在平面的________决定。
3. 空间曲线又称翘曲线，这种曲线上的各点不在________上，它的各面投影________
______。
4. 求直线段的实长有__________、________和________三种方法。

5. 用旋转法求实长，是将空间一般位置直线绕一________投影面的固定旋转轴旋转成投影面________，则该直线在与之平行的投影面上的投影反映________。

6. 当空间线段与投影面不平行时，设法用一新的与空间线段________的投影面替换原来的________，则线段在新投影面上的投影就能反映________。

7. 换面法的移出作图形式又常称为__________。

8. 作展开图的方法通常有________和________两种，目前企业多采用________展开。

9. 研究金属板壳构件的展开，先要熟悉立体表面的____________过程，分析立体表面__________特征，从而确定__________能否展开及采用什么方式展开。

10. 任何立体表面都可看作由线按一定的要求________而形成的。这种运动着的线叫作________。控制母线运动的线或面叫作________或________。

11. 母线在立体表面上的任一位置叫作________。因此，也可以说立体表面是由无数条________构成的。

12. 研究立体表面的展开必须了解________素线的分布规律。

13. 以直线为母线而形成的表面称为________，如柱面、锥面、切线面等。

14. 当柱面的导线为折线时，称为________。

15. 当柱面的导线为圆且与母线垂直时，称为________。

16. 当锥面的导线为折线时，称为________。

17. 当锥面的导线为圆且垂直于中轴线时，称为________。

18. 切线面的一个重要特征是同一素线上各点有相同的________。切线面上相邻的两条素线一般__________，但当导线上两点的距离________时，相邻的两条切线便趋向同一个平面，也就是切平面。

19. 以曲线为母线，并做曲线运动而形成的面称为________，如圆球面、椭球面和圆环面等。曲纹面通常具有________曲度。

20. 就可展性而言，立体表面可分为________和__________。

21. 凡是以直素线为母线，其相邻两素线能构成________时，都是可展表面。

22. 展开的基本方法有____________、____________和____________三种。

23. 用作图法展开立体表面的过程可以形象地比喻为“___________”和“___________”两个阶段。

24. 平行线展开法适用于表面素线____________的立体。

25. 放射线展开法适用于表面素线____________的锥体。

26. 三角形展开法是以立体表面________为主，并画出必要的________，将立体表面分割成一定数量的________平面，然后求出每个________的实形，并依次画在平面上，从而得到整个立体表面的__________。

二、选择题（将正确答案的代号填入括号内）

1. 位于垂直面上的平面曲线，在其所垂直的投影面上的投影积聚成（　　）。

A. 点　　　　B. 直线　　　　C. 曲线

2. 只有根据线段的（　　）投影，才能对其投影是否反映实长做出正确的判断。

A. 一面　　　　B. 一面或两面　　　　C. 两面或三面

3. 用旋转法求实长适用于（　　）及其组成的构件。

A. 锥体　　B. 球体　　C. 柱体

4. 可以说立体表面是由（　　）条素线构成的。

A. 8　　B. 12　　C. 无数

5. 将构件表面摊开在一个平面上的过程称为（　　）。

A. 展开　　B. 放样　　C. 展开放样

6.（　　）属于不可展表面。

A. 斜圆锥面　　B. 双曲面　　C. 斜圆柱面

7.（　　）可以用平行线法展开。

A. 天圆地方　　B. 圆锥体　　C. 圆柱体

8.（　　）可以用放射线法展开。

A. 椭圆锥　　B. 三棱柱　　C. 球

三、判断题（正确的打"√"，错误的打"×"）

1. 作为冷作工，必须能够正确判断线段的投影是否反映实长，并掌握求线段实长的方法。（　　）

2. 在三视图中，反映实长的线段至少有一面投影平行于投影轴。（　　）

3. 位于垂直面上的平面曲线，至少有一面投影反映实长。（　　）

4. 用换面法可以求出各种线段的实长。（　　）

5. 用换面法求实长就是设法用一新的与空间线段垂直的投影面替换原有的投影面，则线段在新投影面上的投影反映实长。（　　）

6. 如果柱体轴向与某个投影面垂直，那么在这个投影面上可反映出柱体轴向侧表面每条素线的实长。（　　）

7. 如果柱体轴向与某个投影面垂直，那么在这个投影面上可反映出柱体径向截面上素线的实际位置。（　　）

8. 能否准确求出立体表面的截交线，将直接影响构件形状及构件展开图的正确性。（　　）

9. 在金属结构制造中，各种板壳结构及弯形构件都需要进行展开放样。（　　）

10. 对于形状复杂的零件，广泛采用作图法作展开图。（　　）

11. 凡是以曲线为母线或相邻两直线呈交叉状态的表面，都是可展表面。（　　）

12. 圆球、螺旋面都是不可展表面。（　　）

13. 不可展表面可以作近似展开。（　　）

14. 由两个不同方向的曲线构成的表面称为曲纹面。（　　）

15. 柱体和锥体都可以用计算的方法进行展开。（　　）

16. 构成锥体表面的每条素线都相等。（　　）

17. 圆柱、棱柱等可用放射线法展开。（　　）

18. 对于可展表面，凡是可以用平行线法或放射线法展开的构件，均可用三角形法展开。（　　）

19. 几何体放样展开时，三视图必须画齐全。（　　）

四、简答题

1. 简述用直角三角形法、旋转法、换面法求线段实长的作图要领。

2. 什么是展开？什么是展开图？

3. 柱面和锥面各具有哪些性质？

4. 什么是可展表面？什么是不可展表面？怎样判定可展表面与不可展表面？

5. 展开的基本方法有哪三种？这三种方法的共同特点是什么？

6. 简述平行线法、放射线法、三角形法的展开原理。

五、作图题

1. 用直角三角形法求图 2－1 所示线段 *CD* 的实长。

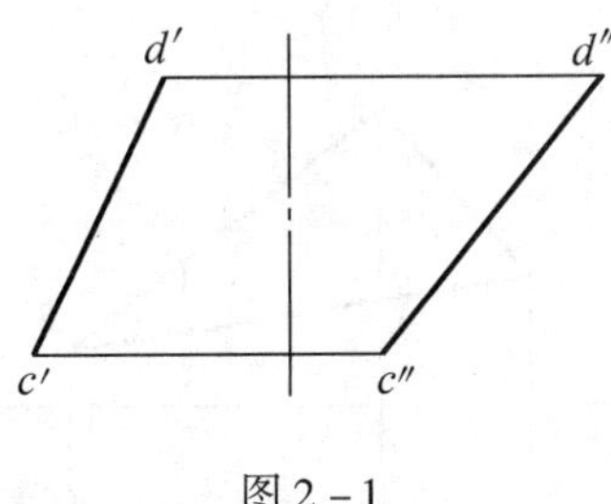

图 2－1

2. 用旋转法和换面法求图 2－2 所示线段 *AB* 的实长。

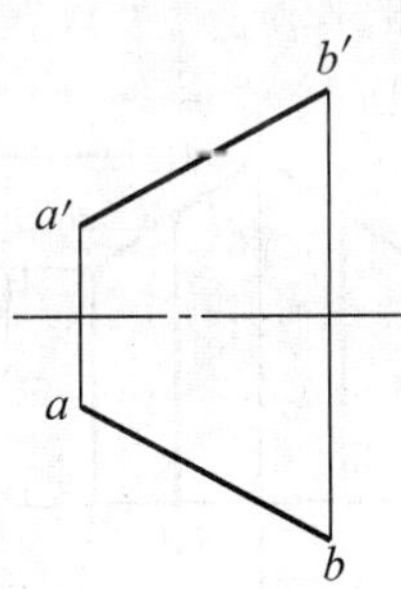

图 2－2

3．用旋转法求出图 2－3 所示斜圆锥面各素线的实长。

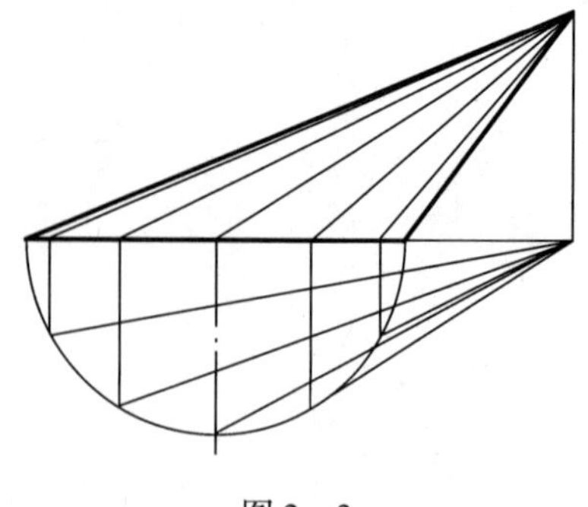

图 2－3

4．求出图 2－4 所示三角形各边的实长（不能用同一种方法），并作出三角形的实形。

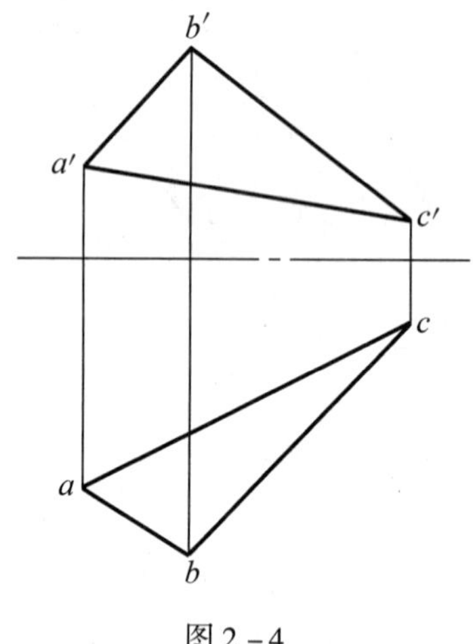

图 2－4

5．作出图 2－5 所示构件的展开图。

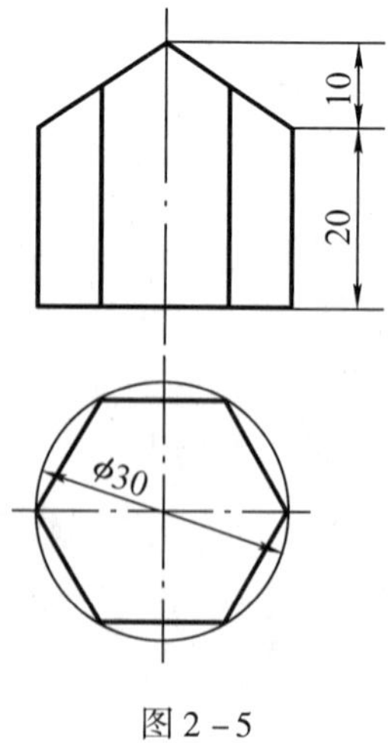

图 2－5

6. 作出图 2－6 所示构件的展开图。

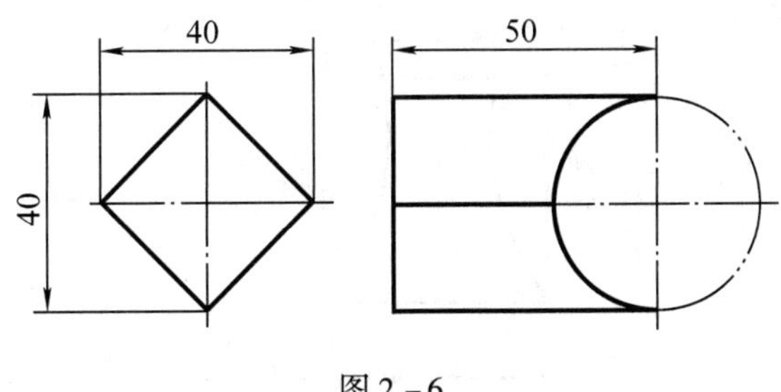

图 2－6

7. 作出图 2－7 所示构件的展开图。

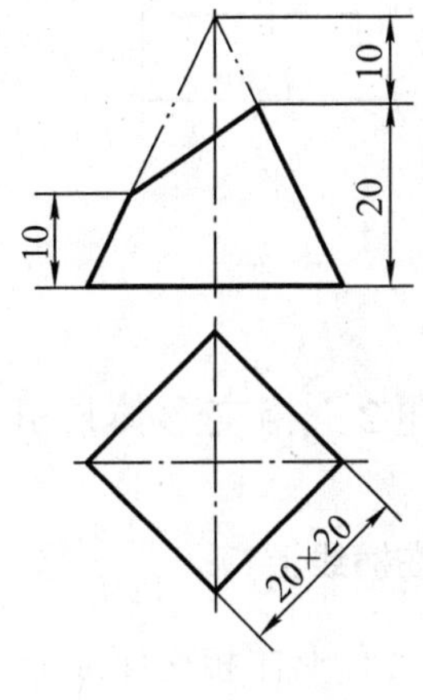

图 2－7

8. 作出图 2－8 所示构件的展开图。

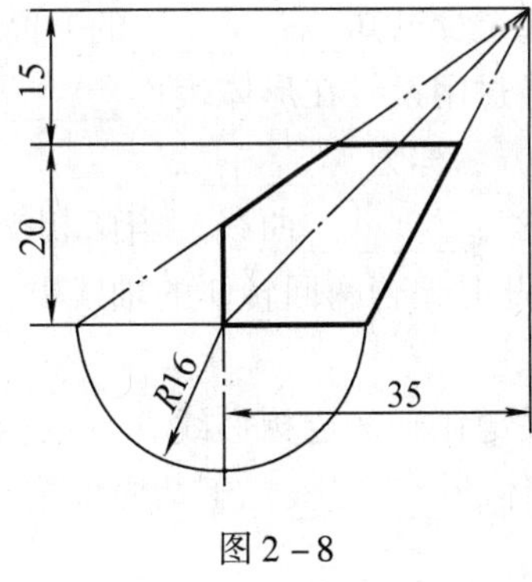

图 2－8

9. 作出图 2-9 所示构件的展开图。

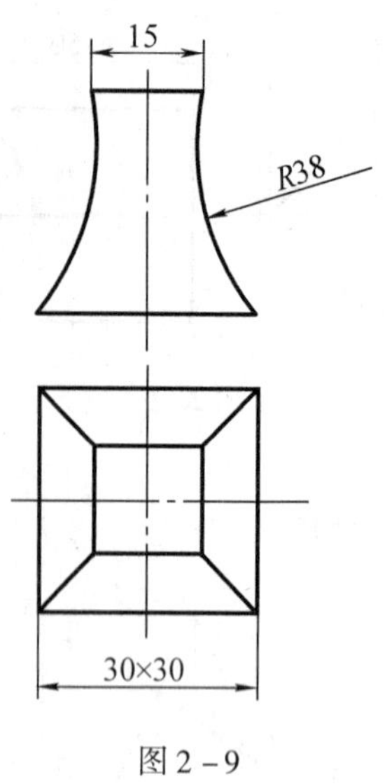

图 2-9

子课题 2　相交形体展开放样

一、填空题（将正确答案填写在横线上）

1. 在展开放样中，经常会遇到各种形体相交而成的构件。形体相交后，要在形体表面形成________。

2. 相贯线是相交两形体表面的________，也是相交两形体表面的________。

3. 用辅助球面法求相贯线时，必须在两回转体轴线________时才能应用，而且两回转体轴线所决定的平面必须__________某一投影面。

4. 应用素线法求相贯线时应至少已知__________的一面投影。

5. 由相贯线已知的投影，通过用素线在形体表面____________的方法，求出相贯线的________投影，这种求相贯线的方法称为________。

6. 回转体相交的相贯线一般为________曲线。当两相交回转体外切于同一球面时，其相贯线便为______________，此时，若两回转体的轴线平行于某一________，则相贯线在该面上的投影为两相交________。

7. 作相贯构件的展开图，关键在于确定相贯线。一旦相贯线求出，相贯体便以__________为界线，划分成若干基本形体的________，于是便可按照____________展开法作出各自的展开图。

二、选择题（将正确答案的代号填入括号内）

1. 当回转体轴线通过球心与球相交时，其交线为（　　）。

A. 直线　　B. 圆　　C. 椭圆

2. 当回转体轴线通过球心与球相交，并且当回转体轴线又平行于某一投影面时，则交线在该投影面的投影为（　　）。

A. 直线　　B. 圆　　C. 椭圆

3. 在使用辅助球面法求相贯线时，辅助球面的半径大小是（　　）。

A. 随意的　　B. 固定不变的　　C. 有一定限制的

4. 圆管与圆锥轴线重合相贯时，其相贯线为（　　）。

A. 平面折线　　B. 平面曲线　　C. 空间曲线

三、判断题（正确的打“√”，错误的打“×”）

1. 在作相交形体的展开图时，准确地求出其相贯线至关重要。（　　）
2. 在特殊情况下，两相交形体若不画出相贯线，也可作出展开图。（　　）
3. 两个基本几何体相交称为相贯，四个基本几何体相交也称为相贯。（　　）
4. 方管与方锥管相交的结合线为空间封闭的曲线。（　　）
5. 两物体没有完全相交，其相贯线就不是封闭的。（　　）
6. 平面立体和曲面立体相交，其相贯线有直线也有曲线。（　　）
7. 当选用辅助平面法求相贯线时，必须使辅助平面与两形体都相交，才能得到公共点。（　　）
8. 只要是两回转体相交，就可以用辅助球面法求相贯线。（　　）
9. 不管用什么方法求相贯线，相贯线的特殊点（如最高点、最低点等）都必须求出。因为这些点往往也是展开图中的轮廓转折点，对展开图的准确性起着决定作用。（　　）

四、简答题

1. 什么是相贯线？相贯线具有哪些性质？

2. 求相贯线的实质是什么？通常用哪些方法求相贯线？

五、作图题

1．求图 2－10 所示构件的相贯线。

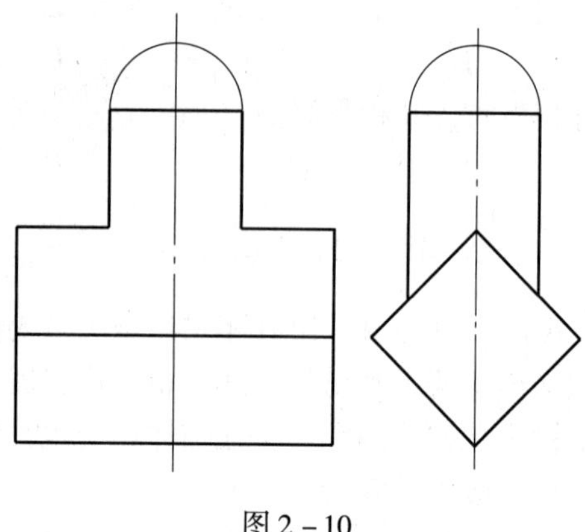

图 2－10

2．求图 2－11 所示构件的相贯线。

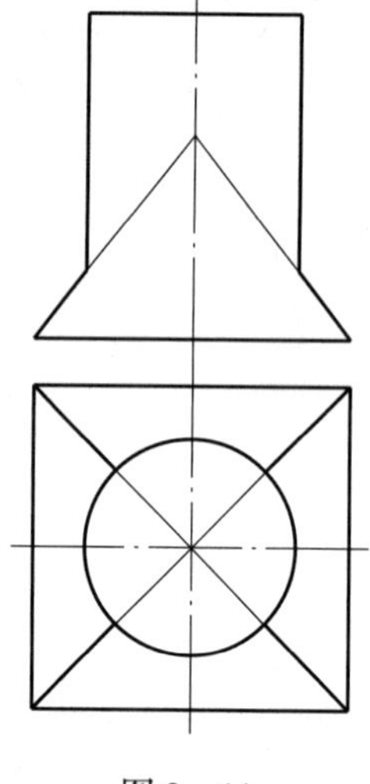

图 2－11

3. 求图 2－12 所示构件的相贯线（用素线法）。

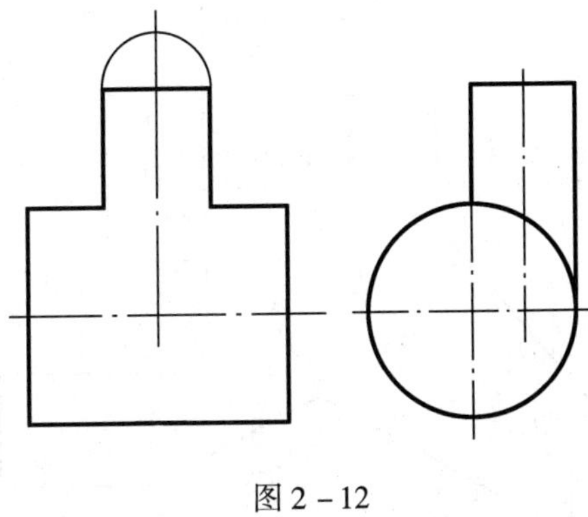

图 2－12

4. 求图 2－13 所示构件的相贯线（用辅助平面法）。

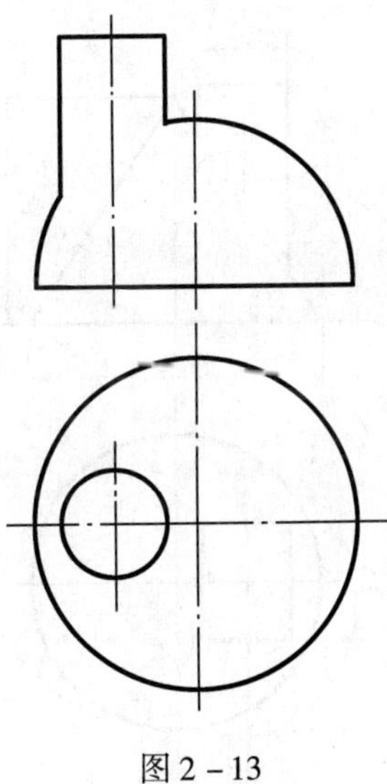

图 2－13

5. 求图 2－14 所示构件的相贯线。

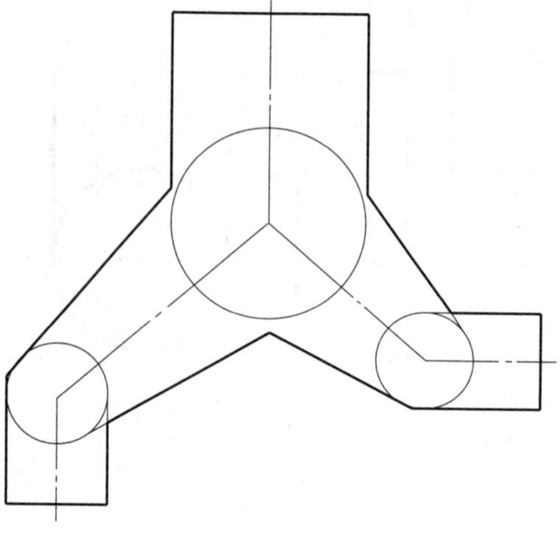

图 2－14

6. 作出图 2－15 所示相贯构件的展开图。

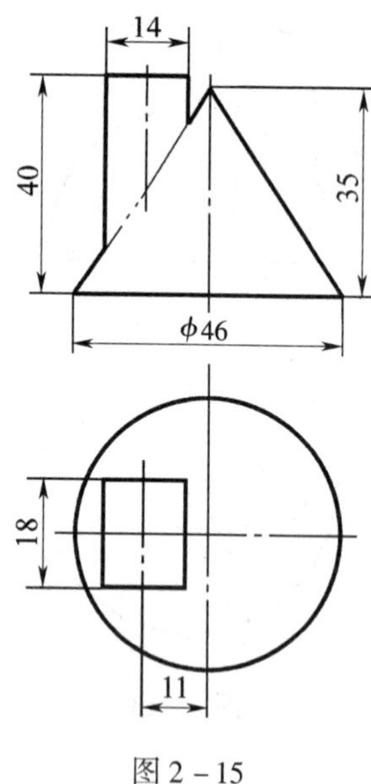

图 2－15

7. 作出图 2－16 所示相贯构件的展开图。

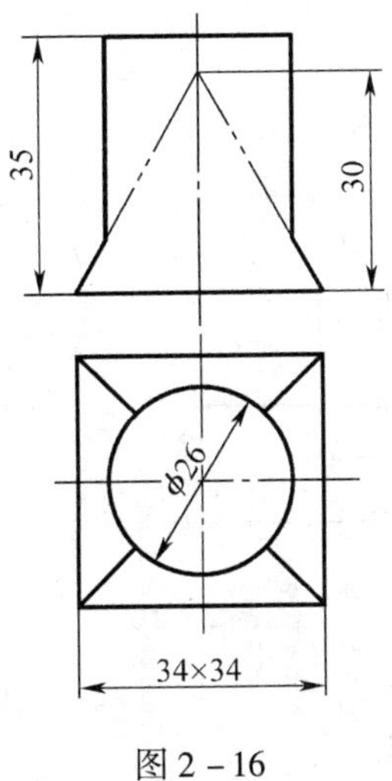

图 2－16

8. 作出图 2－17 所示相贯构件的展开图。

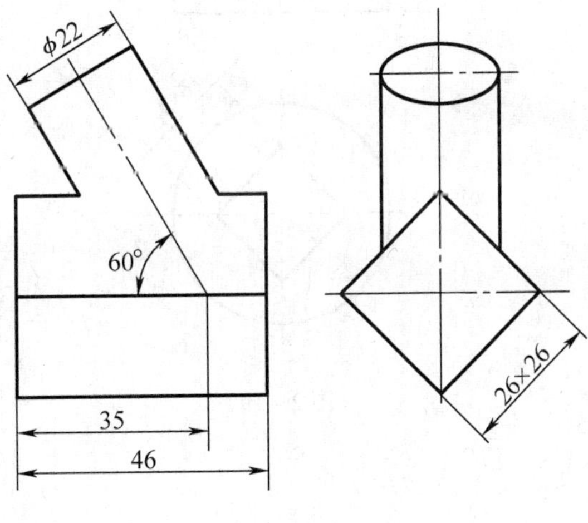

图 2－17

9. 作出图 2－18 所示相贯构件的展开图。

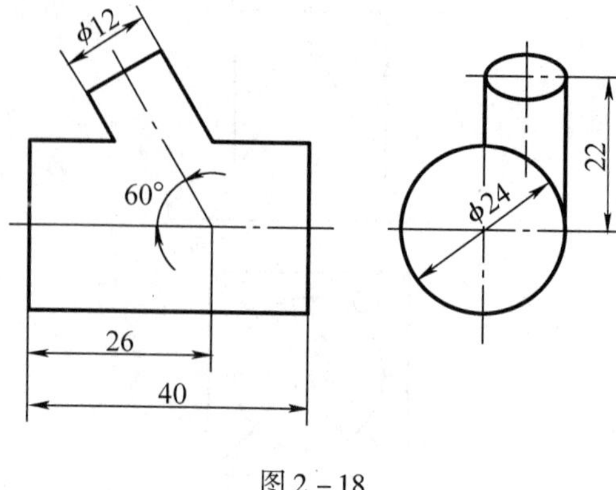

图 2－18

10. 作出图 2－19 所示相贯构件的展开图。

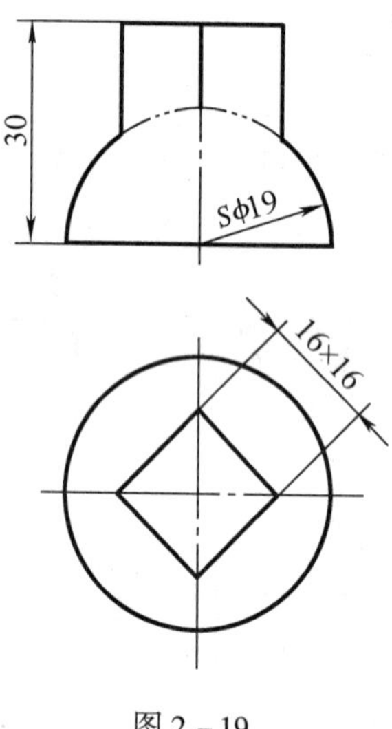

图 2－19

子课题 3　过渡接头形体展开放样

一、填空题（将正确答案填写在横线上）

1. 在放样过程中，有些构件要制作空间角度的__________，而该空间角度的________需通过求取构件的局部________实形来获得。

2. 放样中求构件断面实形主要利用__________法。

3. 板料弯曲时中性层的位置与其________________有关。

4. 当材料厚度较小，工件尺寸精度要求又不高时，折角弯板的展开长度可按其____________计算。

二、选择题（将正确答案的代号填入括号内）

1. 求两平面的真实夹角，是将两平面的交线变换成投影面的（　　）。
   A. 倾斜线　　B. 平行线　　C. 垂直线

2. 求空间弯管的真实夹角，是将空间弯管所组成的平面变换成投影面的（　　）。
   A. 倾斜面　　B. 平行面　　C. 垂直面

3. 将一般位置平面变换为投影面的垂直面，须经（　　）次变换投影面实现。
   A. 1　　B. 2　　C. 3

4. 将一般位置平面变换为投影面的平行面，须经（　　）次变换投影面实现。
   A. 1　　B. 2　　C. 3

5. 在实际放样中，当构件板厚 t 大于（　　）mm 时，必须考虑板厚对展开图尺寸的影响。
   A. 1　　B. 1.5　　C. 3

6. 有一个折弯而成的方形构件，边长为 100 mm × 100 mm，板厚为 5 mm，其展开料长为（　　）mm。
   A. 360　　B. 380　　C. 400

7. 钢材在塑性弯曲过程中，当相对弯形半径 $r/t>5$（t 为板厚）时，中性层位于（　　）。
   A. 中心层内侧　　B. 中心层　　C. 中心层外侧

8. 钢板在塑性弯曲时，若相对弯形半径 $r/t\leq5$ 时，其中性层位置系数 K 应（　　）。
   A. 大于 0.5　　B. 小于 0.5　　C. 等于 0.5

三、简答题

1. 什么是板厚处理？为什么要进行板厚处理？板厚处理的主要内容有哪些？

2. 什么是板料的中性层？板料中性层的位置与板料的相对弯形半径 r/t 有什么关系？

3. 过渡接头具有哪些特点？

4. 过渡接头的平面和曲面如何划分？

四、作图题

1. 求出图 2－20 所示两个平面 m、n 的夹角。

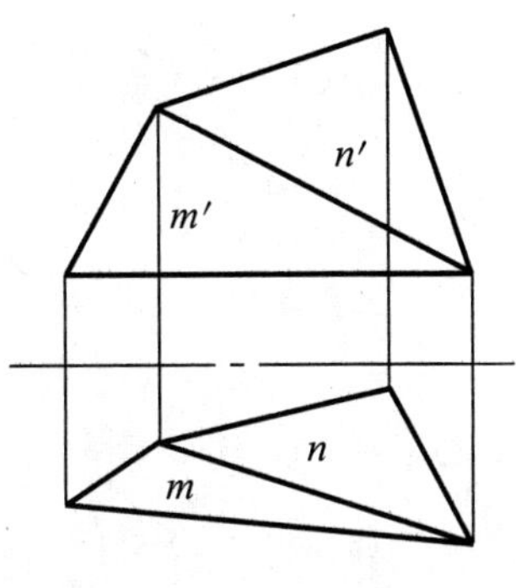

图 2－20

2. 求出图 2－21 所示两个平面 p、q 的夹角。

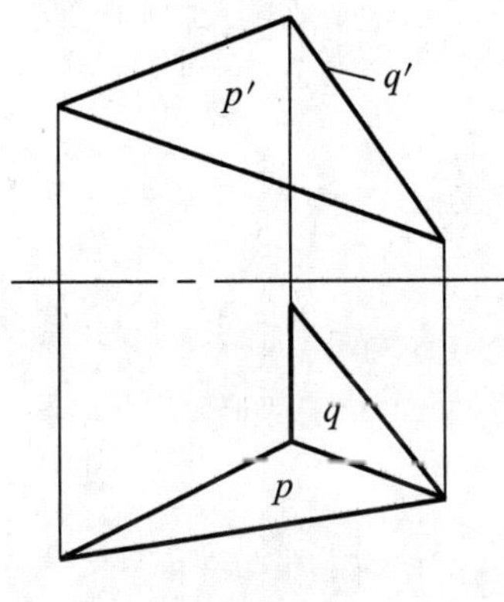

图 2－21

3. 作出图 2－22 所示过渡接头的展开图。

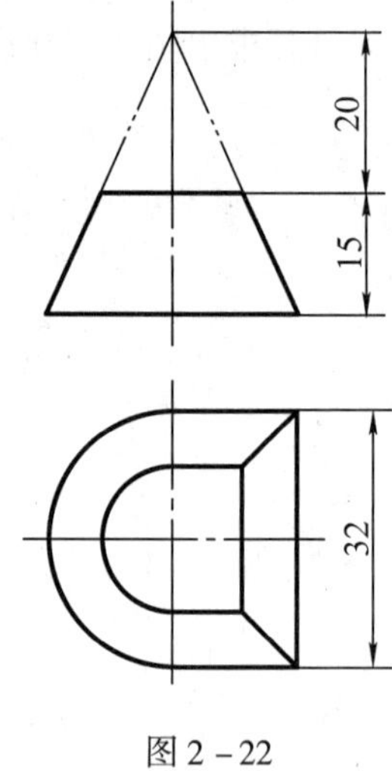

图 2－22

4. 作出图 2－23 所示过渡接头的展开图。

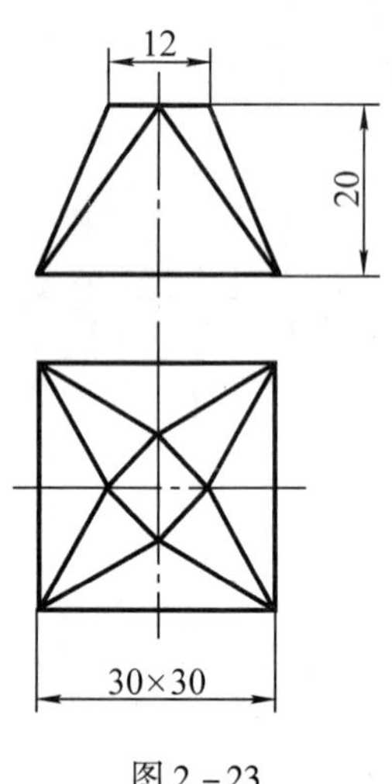

图 2－23

5. 作出图 2 - 24 所示过渡接头的展开图。

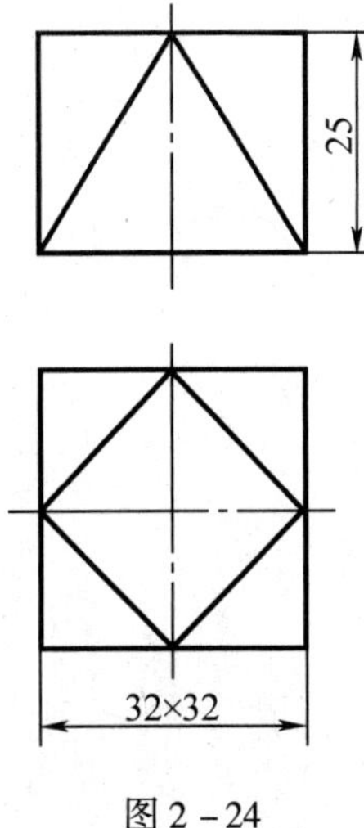

图 2 - 24

6. 作出图 2 - 25 所示过渡接头的展开图。

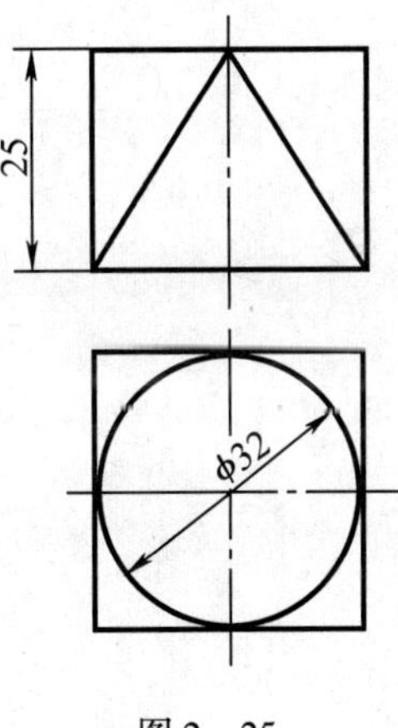

图 2 - 25

7. 作出图 2－26 所示过渡接头的展开图。

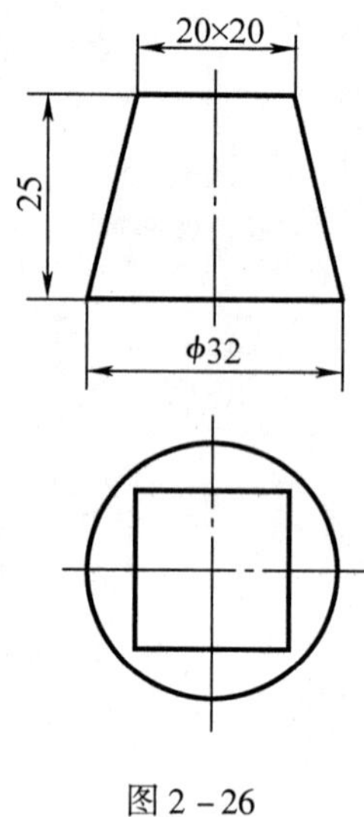

图 2－26

8. 作出图 2－27 所示过渡接头的展开图。

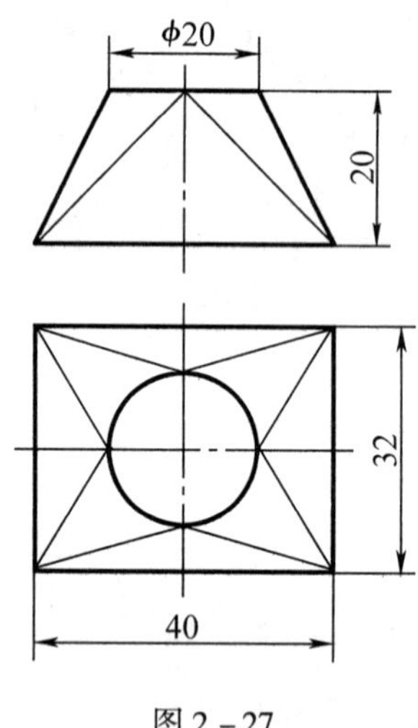

图 2－27

9. 作出图 2 – 28 所示过渡接头的展开图。

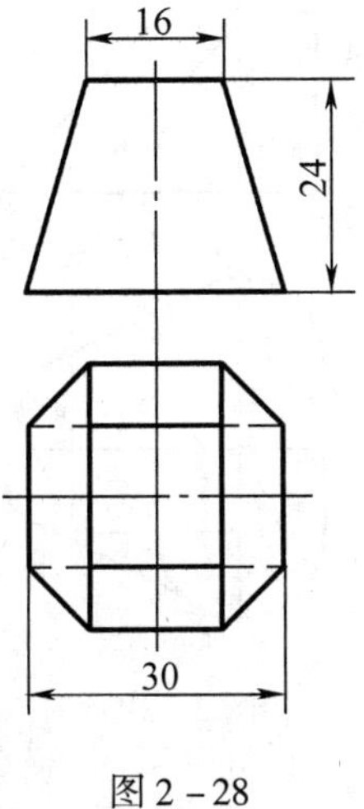

图 2 – 28

10. 作出图 2 – 29 所示过渡接头的展开图。

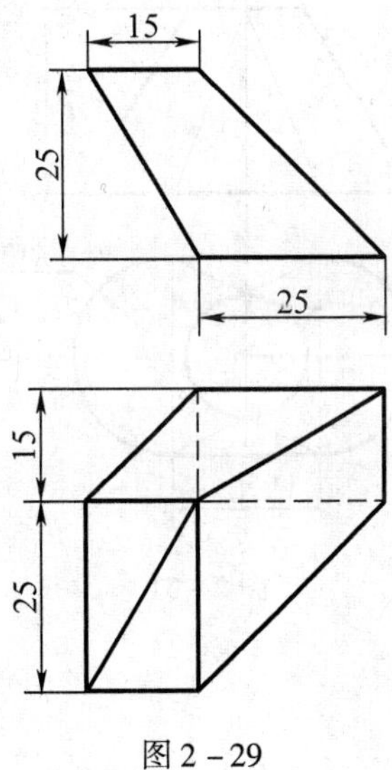

图 2 – 29

11. 作出图 2 – 30 所示过渡接头的展开图。

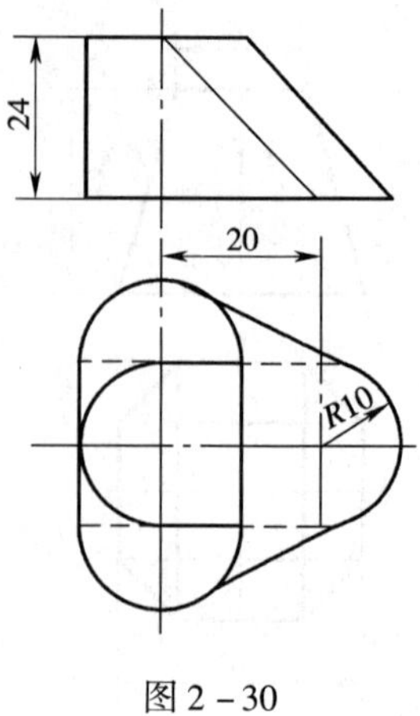

图 2 – 30

12. 作出图 2 – 31 所示过渡接头的展开图。

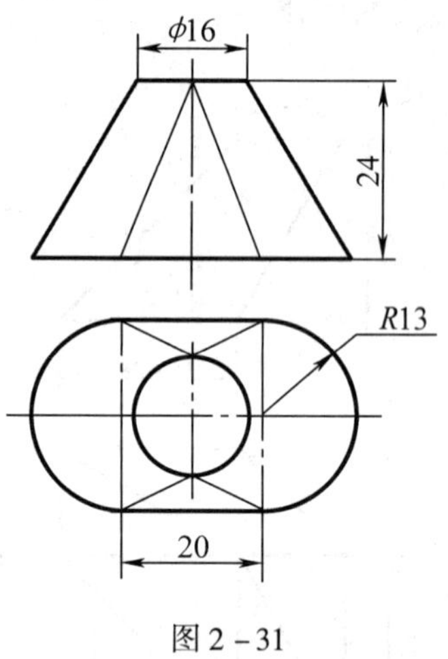

图 2 – 31

子课题4　弯曲件展开料长计算

一、填空题（将正确答案填写在横线上）

1. 在加工各种板材、型材弯曲件时，需要准确计算出弯曲件________并确定________位置。

2. 角钢的断面是不对称的，所以角钢弯曲的中性层不在角钢截断面的________，而在其________位置上。

3. 槽钢弯曲分为两种形式，一种是________，另一种是________。

4. 槽钢立弯时的料长计算，中性层以________为准。

5. 对型钢进行切口弯曲时，除需计算其料长外，还要在放样中确定其切口的________、________和________。

6. 金属结构在制造、运输和起重过程中，常常要计算其________。准确、迅速地计算或估算出钢材质量是冷作工必须掌握的____________。

二、简答题

1. 钢材质量的理论计算公式是什么？

2. 钢材质量的简易计算公式是什么？

三、计算题

1. 计算图2－32所示钢板弯曲件的料长。

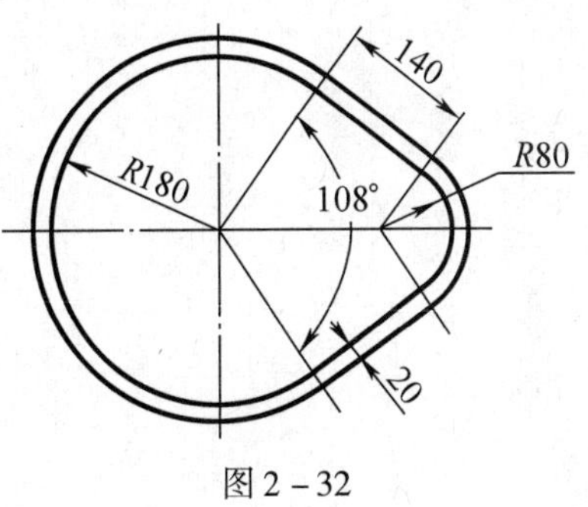

图2－32

2．计算图 2－33 所示钢板弯曲件的料长。

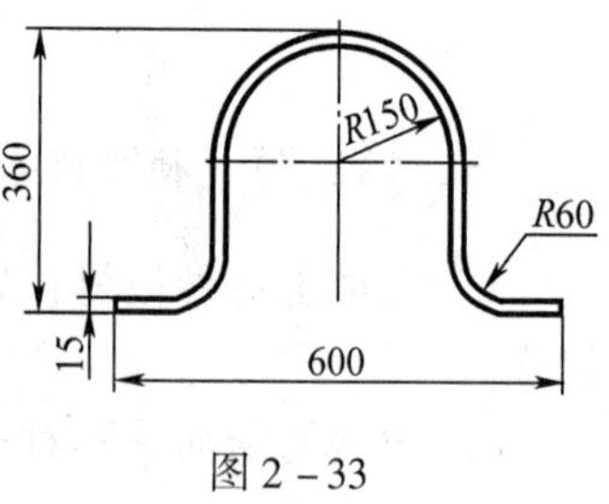

图 2－33

3．计算图 2－34 所示扁钢双弯 90°构件的料长。

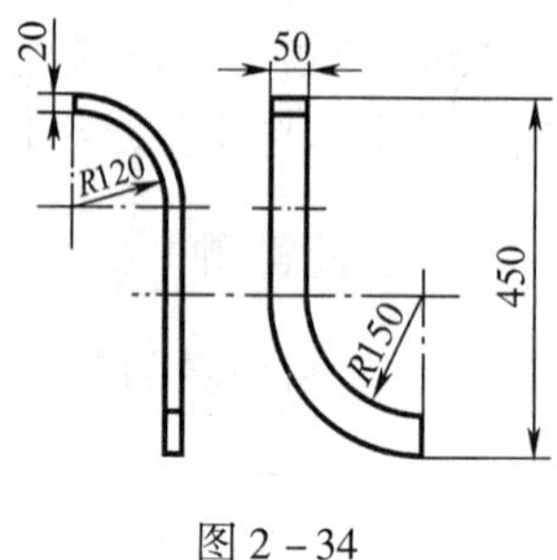

图 2－34

4．将圆钢弯成图 2－35 所示的 S 形，试求其展开长度。

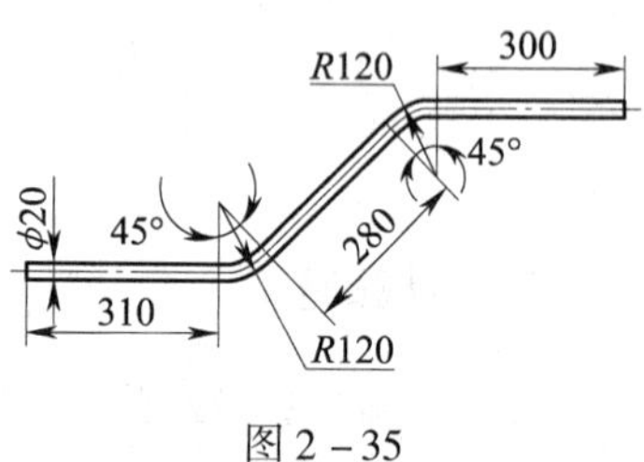

图 2－35

5. 将角钢弯成图 2－36 所示的 U 形，试求其展开长度。

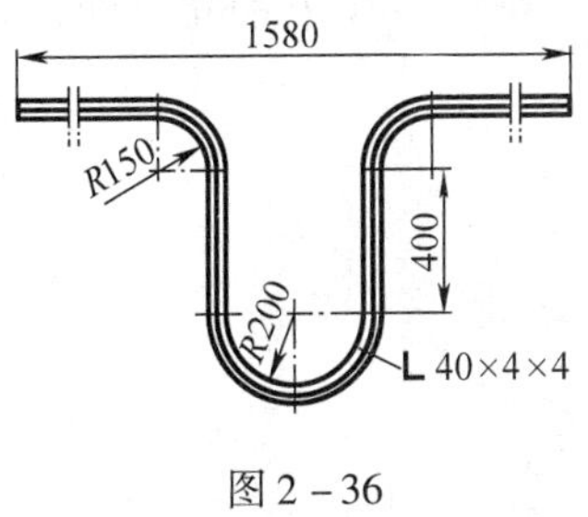

图 2－36

6. 计算图 2－37 所示角钢弯曲件的料长（角钢规格为 50 mm×50 mm×4 mm）。

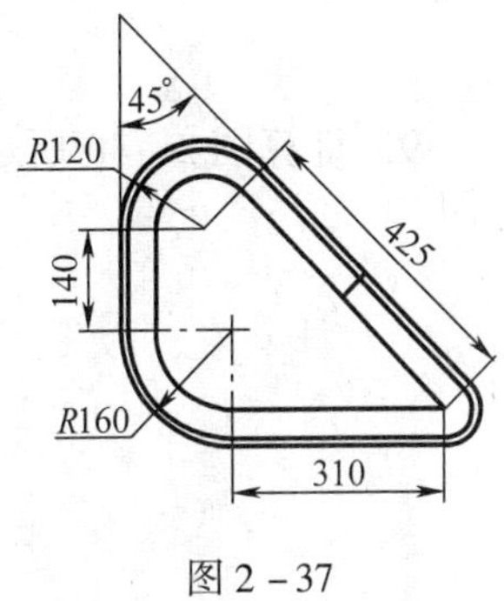

图 2－37

7. 计算图 2－38 所示不等边角钢双弯 90°构件的料长（不等边角钢规格为 56 mm×36 mm×4 mm）。

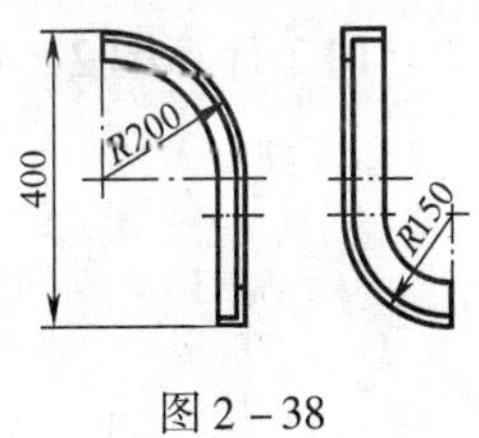

图 2－38

8. 如图 2－39 所示，钢圈是由规格为 75 mm×75 mm×6 mm 的角钢弯曲而成的。已知 $A=800$ mm，$B=400$ mm，求角钢的展开长度 L 及切口圆角的展开长度 S。

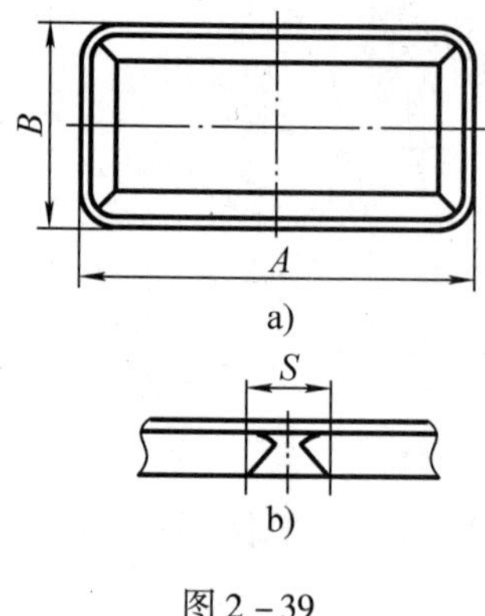

图 2－39

9. 计算图 2－40 所示弯曲件的展开长度。

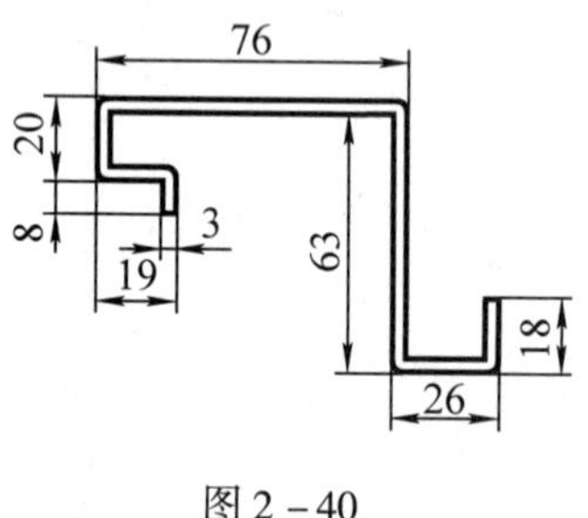

图 2－40

10. 计算图 2－41 所示多角弯曲件的展开长度。

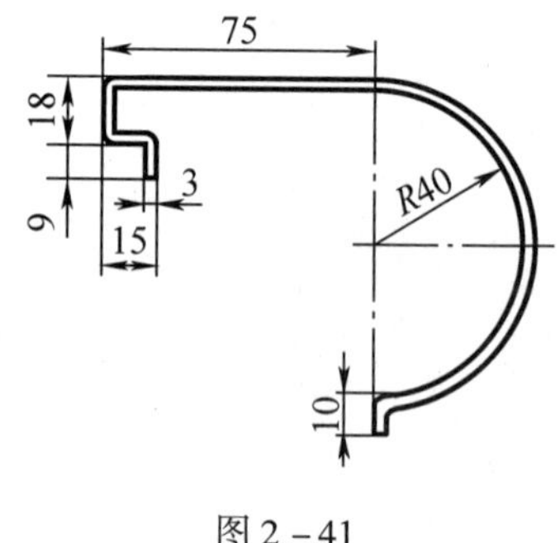

图 2－41

11. 试计算长度为6 000 mm、宽度为1 600 mm、厚度为6 mm钢板的质量（钢材的密度为7.85 kg/dm³）。

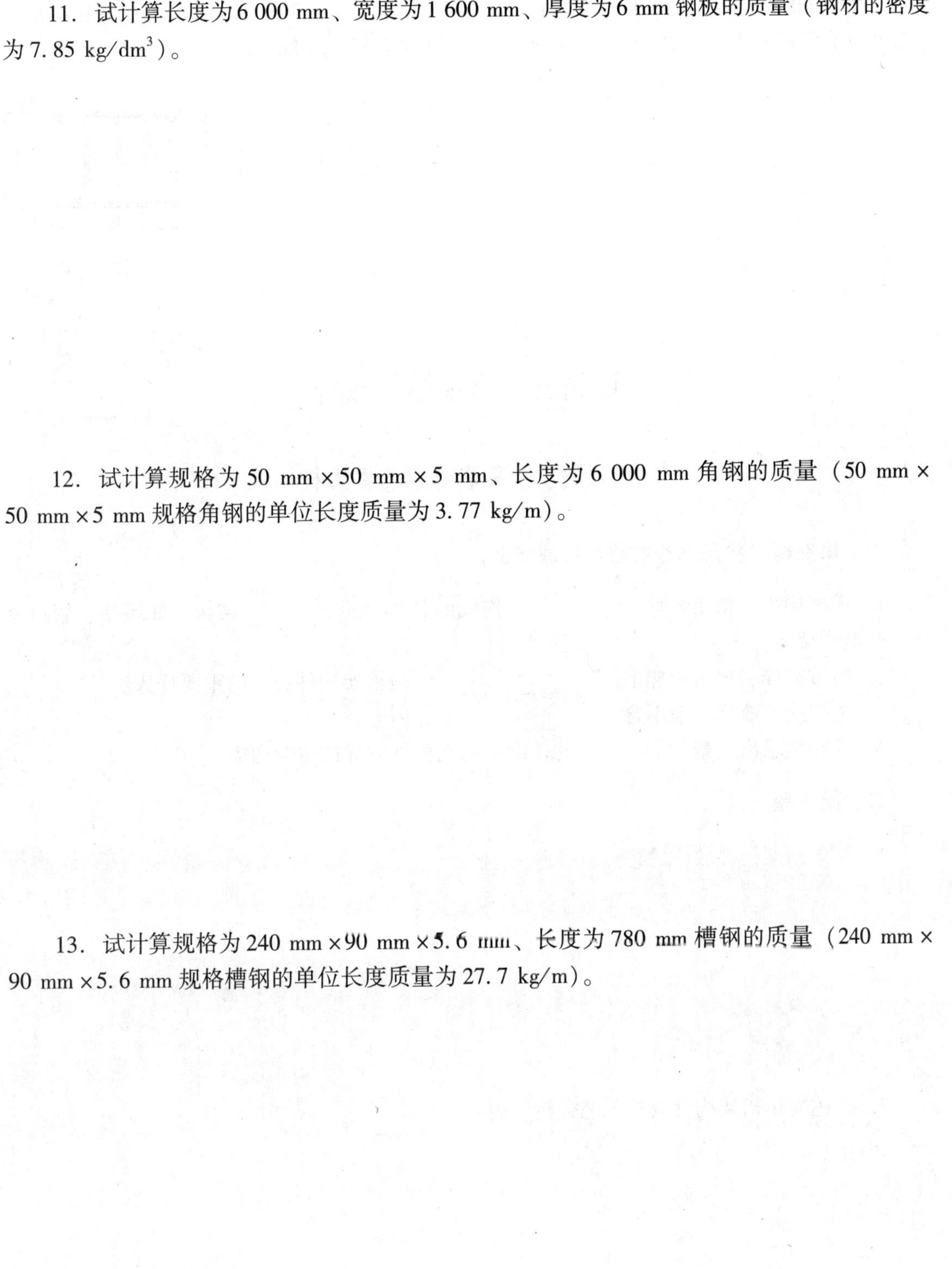

12. 试计算规格为50 mm×50 mm×5 mm、长度为6 000 mm角钢的质量（50 mm×50 mm×5 mm规格角钢的单位长度质量为3.77 kg/m）。

13. 试计算规格为240 mm×90 mm×5.6 mm、长度为780 mm槽钢的质量（240 mm×90 mm×5.6 mm规格槽钢的单位长度质量为27.7 kg/m）。

14. 已知钢结构梁的长度为 7.8 m，其断面尺寸如图 2-42 所示，计算钢结构梁的质量（槽钢的单位长度质量为 25.77 kg/m，钢材的密度为 7.85 kg/dm^3）。

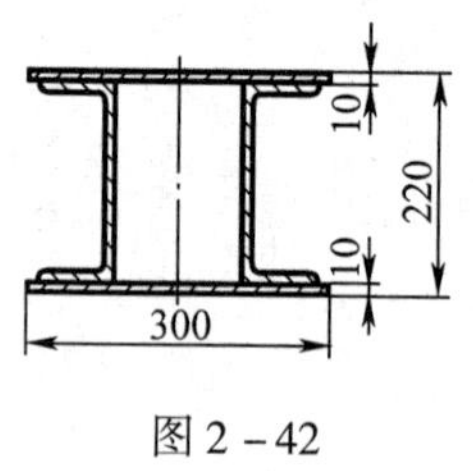

图 2-42

课题三　桁架结构放样

子课题 1　简单桁架构件放样

一、填空题（将正确答案填写在横线上）

1. 桁架构件是指由各种＿＿＿＿＿＿构成的各类承重＿＿＿＿＿结构，如屋架、管道支架、输电塔架等。

2. 通过放样，核对图样上的＿＿＿＿＿＿＿，是桁架构件放样的重要任务。

3. 桁架构件放样一般不含有＿＿＿＿＿＿＿的内容。

4. 准确地求出桁架＿＿＿＿＿的长度是桁架构件放样的主要内容。

二、简答题

1. 简单桁架构件放样的特点有哪些？

2. 简述简单桁架构件放样工艺分析的内容。

3．简述简单桁架构件放样的步骤与方法。

4．简单桁架构件放样的注意事项有哪些？

子课题 2　煤气管道支架放样

一、填空题（将正确答案填写在横线上）

1．煤气管道支架是一个用来支承__________的部件，主要由__________、__________和________等零件组成。

2．煤气管道支架不存在展开放样内容，只需进行__________和________两个程序即可。

3．确定连接杆及连接板的________是煤气管道支架放样的主要内容。

二、简答题

1．煤气管道支架结构放样的特点有哪些？

2．简述煤气管道支架结构放样的操作步骤与方法。

课题四　板架结构放样

子课题 1　支承框架放样

简答题

1．板架构件放样的特点有哪些？

2．板架结构放样的内容主要有哪些方面？

3. 简述支承框架放样的操作步骤与方法。

子课题 2　车体行走车轮结构放样

简答题

1. 保证桥式车体行走车轮结构加工质量的关键问题是什么？

2. 简述车体行走车轮结构放样的操作步骤与方法。

课题五　容器结构放样

子课题 1　简单容器构件放样

一、填空题（将正确答案填写在横线上）

1. 进行单件的板厚处理时，主要考虑如何确定构件单线图的________和________尺寸。

2. 圆方过渡接头由平面和锥面组合而成，其弯曲工艺具有________弯板和________弯板的综合特征。

3. 进行圆方过渡接头板厚处理时，圆口取__________直径，方口取__________尺寸（精度要求不高时），高度取上口、下口中性层间的________距离。

4. 进行相贯件的板厚处理时，除解决各形体的展开长度外，还要重点处理形体相贯的__________，以便确定各形体表面________的长度。

二、简答题

1. 识读简单容器构件图样应明确哪些内容？

2. 简述简单容器构件放样的操作步骤与方法。

子课题 2　筒式旋风除尘器筒体放样

一、填空题（将正确答案填写在横线上）

1. 正螺旋叶片与螺纹一样有单线、双线，左旋、右旋之分。单线螺旋周节________导程，双线螺旋周节__________导程。

2. 正螺旋叶片的近似展开方法有很多，应用较多的方法有___________、___________和_________三种。

3. 球面是典型的________曲面，只能进行________展开。

4. 球面分割方式通常有______________和______________两种。

5. 球面分割数越多，拼接后越________，但相应的落料成形工艺也越复杂。分割数的多少应根据球面的________大小而定。

二、判断题（正确的打"√"，错误的打"×"）

1. 单件的板厚处理，展开长度必须是中性层长度。（　）
2. 圆球、螺旋面都是不可展表面。（　）
3. 圆柱螺旋线的形状、大小由圆柱直径、导程和旋向三要素来决定。（　）
4. 正圆柱螺旋线的展开图为一抛物线。（　）
5. 球面是不可展表面，但可以作近似展开。（　）
6. 三角形法可以用来对一些不可展表面进行近似展开。（　）

三、简答题

1. 简述筒式旋风除尘器筒体线型放样的内容。

2. 简述筒式旋风除尘器筒体结构放样的内容。

3. 简述筒式旋风除尘器筒体展开放样的内容。

四、作图题

1. 作出图 2－43 所示有极帽半球体的展开图。

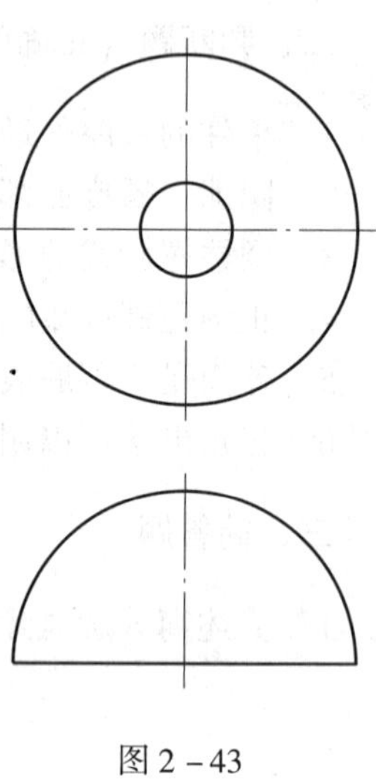

图 2－43

2. 作出导程为 30 mm、外径为 40 mm、内径为 20 mm 正螺旋叶片的视图及展开图。

子课题3　储液筒体放样

简答题

1. 简述储液筒体放样的步骤与方法。

2. 简述储液筒体放样的操作注意事项。

第三单元　下　　料

课题一　剪　　切

子课题 1　机 械 剪 切

一、填空题（将正确答案填写在横线上）

1. 下料是指将零件或毛坯从________上分离下来的工序。冷作工常用的下料方法有____________、____________、____________、____________等。

2. 剪切是冷作工应用的主要下料方法，具有__________、________比较光洁、能切割__________及各种________等优点。

3. 剪切机械的种类有很多，按结构形式可分为_______________、_____________、_____________、_____________和_____________；按传动形式可分为_______________剪板机和_____________剪板机。

4. 剪切直线切口的剪床有____________、____________和_____________。

5. 剪切曲线切口的剪床有____________和_______________。

6. 振动剪床可在板料上剪切各种________和________。

7. 联合剪冲机床可以剪切__________和__________，并能进行小零件的__________和________。

8. 液压传动剪板机分为____________与____________两种。

9. 数控剪板机是指用________、________和________组成的数字指令来实现一台剪板机或多台剪板机动作控制的设备。

10. 数控剪板机__________的调整由指示牌指示，调整轻便、迅速。

11. 分析剪切机械的传动关系时，应按照________→________→________的顺序依次找出各部件间的联系，从而弄清楚整个系统的__________。

12. 龙门式斜口剪床设置压料板是为了防止剪切时板料的________和________，以保证__________。

13. 龙门式斜口剪床设置栅板是用来防止________或________进入剪口而发生事故。

14. 龙门式斜口剪床设置的前挡板和后挡板在剪切时主要起__________。在剪切数量较多、尺寸相同的零件时，利用挡板________剪切，可提高________并能保证________。

15. 剪切加工的方法有很多，但其实质都是通过上剪刃、下剪刃对材料施加________，使材料发生________，最后断裂分离。

16. 在剪刃刃口开始与材料接触时，材料处于__________阶段。

17. 材料剪断面上具有明显的区域性特征，可以明显地分为__________、__________、

________和________四个部分。这四个部分在整个剪断面上的分布比例随材料的________、________、____________、________和剪切时的____________等剪切条件的不同而变化。

18．剪刃刃口锋利时，________容易挤压切入材料，有利于增大________，而较大的剪刃前角可增大刃口的__________。

19．剪刃间隙较大时，材料中的________将增大，易产生________，塑性变形阶段较早结束，因此光亮带要小一些，而剪裂带、塌角和毛刺都比较大。

20．剪刃间隙较小时，材料中的拉应力________，裂纹的产生受到________，所以光亮带变大，而剪裂带、塌角和毛刺均减小。

21．剪刃间隙______________均将导致上、下两方面的裂纹不能重合于一线。间隙过小时，剪断面出现________和________；间隙过大时，________、________、________和斜度均增大，表面极为粗糙。

22．若将材料压紧在下剪刃上，则可________拉应力，从而________光亮带。此外，材料的________好，________小，也可以使光亮带变大。

23．斜口剪剪刃在剪切中作用于材料上的剪切力可分解为__________、__________及____________。

24．剪刃斜角增大到一定数值时，将因__________过大，使材料从刃口中推出而无法进行________。因此，剪刃斜角的大小应以剪切时材料________为极限。

25．对于斜口剪来说，由于离口力的存在，剪切材料待剪部分将有向____________一侧滑动的趋势。

26．由于____________和____________的双向力的作用，在剪切过程中，被剪下的材料将发生________变形。

27．在剪切过程中，由于存在剪刃间隙，将对材料产生一个________。为不使材料在剪切过程中________，提高剪切质量，就需要给材料施以__________。

28．剪刃斜角 φ 一般为________。对于横入式斜口剪床，φ 为________；对于龙门式斜口剪床，φ 为__________。

29．前角是剪刃的一个重要几何参数，其大小不仅影响__________和__________，还直接影响__________。冷作工剪切钢材时，斜口剪的前角通常为__________。

30．后角 α 的作用主要是减小________与________的摩擦，通常取 $\alpha=$ ________。

31．剪刃间隙是为避免________碰撞，减小________和改善________的一个几何参数。合理剪刃间隙的确定主要取决于被剪材料的__________和__________。

32．钢材经过剪切加工，将引起________和__________的某些变化，对钢材的________造成一定的影响。

33．剪切窄而长的条形板料将产生明显的________和________复合变形。

34．剪切使被剪材料的边缘产生________现象。

35．剪切工件往往有多条剪切线，在用龙门式斜口剪床进行剪切时，其剪切顺序必须符合____________________________的原则。

36．在龙门式斜口剪床上剪切工件时，工件对线定位方法主要有__________________、__________________、________________和________________。

37．剪切作业中，精力要________。多人操作时，____________要由专人操纵，严禁把手＿＿＿＿＿＿。

二、选择题（将正确答案的代号填入括号内）

1. 斜口剪上剪刃的侧面与垂直平面之间形成的夹角为（　　）。

A. 前角　　B. 后角　　C. 剪刃楔角

2. 斜口剪上剪刃的底面与水平面之间形成的夹角为（　　）。

A. 前角　　B. 后角　　C. 剪刃楔角

3. 斜口剪上剪刃的底面与侧面之间形成的夹角为（　　）。

A. 前角　　B. 后角　　C. 剪刃楔角

4. 在剪切过程中，由于剪刃斜角 φ 的存在，使材料被逐渐分离。若 φ 增大，则材料的瞬时剪切长度（　　）。

A. 变长　　B. 变短　　C. 没有变化

5. 在剪切过程中，由于剪刃斜角 φ 的存在，使材料被逐渐分离。若 φ 增大，则所需的剪切力（　　）。

A. 没有变化　　B. 增大　　C. 减小

6. 利用斜口剪床剪切时，被剪切的材料常发生（　　）变形。

A. 弯曲　　B. 扭曲　　C. 弯扭复合

7. 剪刃前角是剪刃的一个重要几何参数，增大前角，可以（　　）。

A. 提高剪刃的强度

B. 增大剪刃刃口的锋利程度

C. 使离口力减小

8. 钢材的塑性越好，剪切的变形区域越大，冷加工硬化区域的宽度（　　）。

A. 越大　　B. 越小　　C. 不发生变化

9. 在下列各种形式的剪板机中，（　　）剪下的工件变形最小。

A. 斜刃剪板机　　B. 平刃剪板机　　C. 振动剪床

10. 剪切机械的操纵机构主要是控制（　　）的动作。

A. 离合器　　B. 制动器　　C. 离合器和制动器

11. 下列剪板机的参数中只有（　　）是可调的。

A. 剪刃前角　　B. 剪刃斜角　　C. 剪刃间隙

三、判断题（正确的打“√”，错误的打“×”）

1. 剪切是冷作工使用的一种主要下料方法。（　　）

2. 剪切机械只能进行板材的切割。（　　）

3. 为掌握剪切加工技术，就必须了解剪切加工中材料的变形和受力状况、剪切加工对剪刃几何形状的要求及剪切力的计算等基础知识。（　　）

4. 材料剪断面上的塌角是当剪刃压入材料时，刃口附近的材料被牵连拉伸变形的结果。（　　）

5. 材料剪断面上的光亮带是由剪刃挤压切入材料时形成的，表面粗糙。（　　）

6. 剪切时，在剪刃刃口开始与材料接触时，材料处于塑性变形阶段。（　　）

7. 剪刃前角越大，刃口就越锋利，但不一定有利于剪切。 (　　)

8. 提高剪断面质量的措施只能是增大剪刃刃口的锋利程度。 (　　)

9. 取合理剪刃间隙的最小值是提高剪断面质量的一项措施。 (　　)

10. 将被剪材料压紧在下剪刃上也可以提高剪断面的质量。 (　　)

11. 就所有的剪床而言，在剪切中剪刃作用于材料上的剪切力都可以分解为纯剪切力、水平推力、离口力。 (　　)

12. 剪刃斜角增大可以减小剪切力，因此剪刃斜角越大越好。 (　　)

13. 剪刃合理间隙的确定主要取决于被剪材料的厚度。 (　　)

14. 尽管前角增大有利于使剪刃刃口锋利，但过大的前角将导致离口力过大，而影响定位剪切。 (　　)

15. 剪刃楔角随着前角和后角的确定而确定。 (　　)

16. 剪刃间隙的设置就是为了避免上剪刃、下剪刃的碰撞。 (　　)

17. 平刃剪切时，由于剪刃同时与材料接触，材料受力均匀，切下的工件变形小。 (　　)

18. 斜刃剪切时，由于剪切力较大，剪下的工件变形也较大。 (　　)

19. 只要被剪材料的板厚不超过剪床规定的允许厚度，任何金属材料都可以使用该剪床剪切。 (　　)

20. 在龙门式斜口剪床传动系统中，离合器和制动器要经常进行检查和调整，否则易造成剪切故障。 (　　)

21. 钢板经过剪切加工后，板材表面将产生冷加工硬化现象。 (　　)

22. 在龙门式斜口剪床上剪切工件时有多种工件对线定位方法，操作时可灵活运用。(　　)

23. 即使工件的轮廓线全是直线，也应注意在钢板上的排列，否则有可能无法进行剪切。 (　　)

24. 利用挡板进行批量剪切时，首件检查和抽检工件尺寸都是必要的。 (　　)

四、简答题

1. 什么是下料？冷作工常用的下料方法有哪些？

2．简述剪切过程。剪切加工具有哪些优点？提高剪断面质量的主要措施有哪些？

3．斜口剪剪刃作用于材料上的剪切力可分解为哪几个？各分力对剪切加工有什么影响？

4．为什么剪刃斜角和前角不能过大？

5．在斜口剪床上剪切窄条料时会发生什么变形？为什么？

6. 剪切时，为什么需要给被剪材料施以附加压料力？

7. 龙门式斜口剪床的优点是什么？其工艺装备有哪些？作用各是什么？

8. 分析剪切机械的目的是什么？

9. 简述剪切操作的步骤与方法。

10. 剪切加工会对钢材造成哪两方面的影响？

11. 简述剪切质量检查的内容及操作注意事项。

五、计算题

1. 某台斜口剪床的剪刃斜角为5°，最大剪板厚度为20 mm，试问用该剪床剪切铜板时最大剪板厚度为多少（假设该剪床原来的最大剪板厚度是按Q235A钢计算得出的，$\tau_{钢}$ = 340 MPa，并知$\tau_{铜}$ = 240 MPa）。

2. 设Q11—13×2500型龙门式斜口剪床的额定最大剪切厚度为13 mm（剪切Q235A钢板），现要剪切已退火的不锈钢板，其板厚为12 mm，试判断能否剪切（不锈钢的抗剪强度为510 MPa，Q235A钢的抗剪强度为340 MPa）。

子课题2　克切（含打大锤训练）

一、填空题（将正确答案填写在横线上）

1．克切工具主要是__________、__________。

2．上克子多经锻制而成，材质一般选取______________。

3．下克子可根据实际情况利用__________或用________加工而成。

4．在使用过程中，若上克子刃部________、________及顶部产生________时，都必须在砂轮机上________，使刃部及顶部符合________要求。

5．为避免克子________在磨削中过热而退火，可经常将克子_________冷却。

6．克子的淬火过程分为________和____________两个阶段。

7．冷作工的克子采用介于____________和____________之间的回火温度时，克子的________及________即符合要求。

8．修磨克子时，操作者应站在砂轮机的________，而不能________砂轮机站立。

9．对于较复杂的克切件，合理安排工艺步骤，对提高克切质量影响极大，一般采取________、________、________的克切顺序。

10．在克切过程中，钢板的克切线应始终与________对齐，保持________合适的倾角，并使上、下两克刃________。

11．克切曲线的实质是沿曲线的________位置，克切出直线段，围绕曲线形成一个外切________，克切出的直线段越________，就越接近曲线。

12．内圆孔的克切首先应选好__________。

13．打大锤技术是冷作工的一项________，它不仅在手工操作中发挥很大作用，而且在机械化作业中也常被用来完成一些________工作。

14．作为冷作工，必须熟练掌握________、________撇打大锤技术。

15．抱打大锤是指用大锤击打工件后，再沿落锤__________将大锤举起的打锤方法。

16．抡打大锤是指在打锤时大锤起落的运动轨迹绕肩关节形成__________的打锤方法。

17．常用的抡打大锤方法有____________和____________两种。

二、选择题（将正确答案的代号填入括号内）

1．修磨克子前面时，克子后面与砂轮磨削点切线间的夹角为（　　）。

A．40°～50°　　B．55°～70°　　C．75°～80°

2．克子淬火的加热温度为（　　）℃。

A．600～700　　B．770～800　　C．850～1 000

3．克切作业主要由掌克者及打锤者配合完成，打锤者站在下克刃一侧，两人互成（　　）。

A．45°　　B．90°　　C．180°

4．直线段克切起克时，置于板料上的上克子刃对准切料线，要探出______克刃宽，并使刃口与钢板成______的倾角。（　　）

A．1/3　10°～15°　　B．1/3　5°～10°　　C．1/2　10°～15°

5. 大锤锤柄的长度一般为（　　）mm。

A. 800 ~ 900　　B. 900 ~ 1 000　　C. 1 000 ~ 1 100

6. 打大锤训练时，锤桩的高度最好与训练者的身高相适应，一般以（　　）mm 为宜。

A. 700 ~ 900　　B. 900 ~ 1 200　　C. 800 ~ 1 000

三、判断题（正确的打“√”，错误的打“×”）

1. 用砂轮机修磨上克子时，必须在砂轮机正面上磨削。（　　）

2. 实践证明，冷作工的克子采用“蓝火”的回火温度时，克子的硬度及韧性即符合要求。（　　）

3. 手握克子的顶部，以克刃口在废钢板边缘砍下，若刃口无损，表明克子硬度、韧性适宜。这是检查克子硬度的方法之一。（　　）

4. 上克子在使用中如有崩裂现象发生，则说明上克子刃部太硬。（　　）

5. 使用砂轮机时，支架与砂轮的间隙必须调整好，以免在磨削过程中，工件卡入而发生事故。（　　）

6. 克子淬火的冷却水应用清水，水温一般在 15 ℃左右。（　　）

7. 对于较复杂的克切件，合理安排工艺步骤，对提高克切质量影响不大。（　　）

8. 若克切件尺寸较大或克切件转动后不利于扶持时，为保持工件平稳，可在下克子旁边放置垫板支承，但要保证板料与下克子上平面贴合。（　　）

9. 克切作业起克时，锤击力要大些，以使板料切透。（　　）

10. 为了减少板料在克切时的变形，应将余料部分放在下克子。（　　）

11. 为提高曲线的克切质量，要做到每次的克切量要尽量小一些，并频繁地转动板料；锤击要短促，力量适当。（　　）

12. 打大锤技术不但在手工操作中发挥很大作用，而且在机械化作业中也常被用来完成一些辅助工作。（　　）

13. 由于多数人以右撇为主，所以冷作工只需掌握右撇打大锤技术。（　　）

14. 打大锤训练所用的锤桩，一般每个锤桩只能供 1 人训练。（　　）

15. 抱打大锤技术是其他打锤方法的基础。（　　）

四、简答题

1. 克子的使用性能要求有哪些？

2. 简述上克子修磨的步骤与方法。修磨克子有哪些注意事项？怎样检查上克子的修磨质量？

3. 简述上克子淬火操作的过程。上克子淬火操作有哪些注意事项？应该怎样检查淬火后的上克子刃部硬度？

4. 简述板料直线段克切、板料曲线克切的操作方法。

5. 简述内方孔克切、内圆孔克切的操作方法。

6. 克切操作中有哪些注意事项？怎样检查克切件的质量？

7. 简述锤柄安装的方法。

8. 简述打大锤训练的注意事项。

课题二　冲　　裁

子课题 1　冲裁模具设计

一、填空题（将正确答案填写在横线上）

1. 冲裁是钢材切割的一种方法，对成批生产的________或__________，应用冲裁下料，可提高________和________。

2. 冲裁的基本原理与剪切相同，只不过是将剪切时的直线刀刃变成___________或__________的刀刃而已。

3. 板料在冲裁力作用下的分离过程是________完成的。此过程可以分为__________、___________和________三个阶段。

4. 一般来讲，冲裁时间往往取决于材料的________。材料较脆时，持续时间__________。

5. 冲裁加工的零件多种多样，冲裁模具的类型也有很多，冷作工常用的是在冲床

________中只完成________工序的简单冲裁模。

6. 冲裁模具的结构形式很多，但无论何种形式，其结构组成都要考虑________、________、________、________、________五个方面。

7. 冲裁模的______尺寸总要比______小，二者存在一定的间隙。

8. 冲裁间隙是一个重要的工艺参数，合理的间隙除能保证工件良好的______和较高的______外，还能降低______，延长模具的______。

9. 冲裁时，合理的冲裁间隙与很多因素有关，其中最主要的是冲裁件材料的________和______。

10. 冲裁时，凸模与凹模刃口尺寸应按如下原则确定：落料时，先确定______刃口尺寸，即以______刃口尺寸为基准，凸模刃口的基本尺寸则是在______刃口基本尺寸上______一个最小合理间隙；冲孔时，应先确定______刃口尺寸，即以______刃口尺寸为基准，凹模刃口的基本尺寸则是在______刃口基本尺寸上______一个最小合理间隙。

11. 安装模具时，要使______压力中心与______压力中心相吻合，且要保证凸模、凹模______均匀。

二、选择题（将正确答案的代号填入括号内）

1. 冲裁变形过程大致可分为（　　）个阶段。
   A. 1　　B. 2　　C. 3
2. 冲裁模的合理间隙是一个尺寸范围，在制造新模具时，应采用合理间隙的（　　）值。
   A. 最大　　B. 最小　　C. 中间
3. 冲裁件的尺寸、尺寸精度和冲裁间隙都取决于（　　）刃口的尺寸和公差。
   A. 凸模　　B. 凹模　　C. 凸模和凹模
4. 冲裁时，落料件的尺寸接近于（　　）刃口的尺寸。
   A. 凸模　　B. 凹模　　C. 凸模和凹模
5. 冲裁时，冲孔件的尺寸接近于（　　）刃口的尺寸。
   A. 凸模　　B. 凹模　　C. 凸模和凹模
6. 在冲床每一冲程中只完成一道冲裁工序的模具，称为（　　）冲裁模。
   A. 简单　　B. 复合　　C. 连续

三、判断题（正确的打“√”，错误的打“×”）

1. 板料冲裁的分离过程分为三个阶段，第三阶段时冲裁力达到最大值。（　　）
2. 材料较脆时，冲裁时间较长。（　　）
3. 板料在冲裁力作用下的分离过程是瞬间完成的。（　　）
4. 凸模和凹模是冲裁模具的核心部分。（　　）
5. 冲裁模具的装夹、固定装置是不可缺少的。（　　）
6. 如无特殊说明，冲裁间隙都是指单面间隙。（　　）
7. 合理的冲裁间隙大小只与板厚有关。（　　）
8. 用配作法加工冲模的特点是模具的间隙由配制保证，其工艺比较简单。（　　）

四、简答题

1．板料冲裁分离过程分为哪三个阶段？简述板料的分离过程。

2．简单冲裁模的结构由哪几部分组成？各部分的作用是什么？

3．冲裁间隙是一个重要的工艺参数，采用合理间隙的好处是什么？

4．应按什么原则确定冲裁模具凸模、凹模的刃口尺寸？

5. 什么是落料？什么是冲孔？

子课题2 板料环形冲裁

一、填空题（将正确答案填写在横线上）

1. ________与__________是两项标志冲床工作能力的指标。

2. 冲床的闭合高度是指滑块在最低位置时，________至__________的距离。冲床的闭合高度应与________的闭合高度相适应。

3. 滑块的行程是指滑块从__________至__________所滑行的距离，也称为________。

4. 冲裁时，模具尺寸应与____________尺寸相适应，保证模具能牢固地____________。

5. ____________和______________属于新型冲床。

6. 精密冲裁冲床按主传动的形式分为__________和__________两类。

7. 冲裁力是选择______________和确定__________的一个重要依据。

8. 影响冲裁力的主要因素是材料的__________、________、冲裁件轮廓周长及____________、刃口__________与表面粗糙度等。

9. 为了制取平整的零件，落料时，应将斜刃制在________上，________是平刃；冲孔时，应将斜刃制在________上，________是平刃。为避免在冲裁过程中产生使模具水平移动的________，斜刃应________布置。

10. 为使冲裁力峰值不同时出现，可将多冲头冲模做成__________。

11. 阶梯冲模要注意使各阶梯凸模尽量__________，而且细冲头应尽量做得________。

12. 板料加热后，其________大大降低，使冲裁力减小。

13. 为保证冲裁件质量和模具的使用寿命，冲裁时，材料在凸模工件刃口外侧应留有足够的________，即所谓________。

14. 冲裁件的工艺性主要包括冲裁件的__________________、__________________、______________三个方面。

15. 冲裁加工时的合理排样，是降低__________的有效途径。合理排样是在保证必要__________的前提下，尽量减少废料，最大限度地提高原材料的__________。

16. 各种冲裁件的具体排样方法，应根据冲裁件的________、__________和________，灵活考虑。

17. 排样是否合理，将直接影响材料________、__________、________、__________与____________等。

18. 零件冲裁加工部分的最小尺寸，与零件的________、________及材料的________有关。

二、选择题（将正确答案的代号填入括号内）

1. 冲裁零件所需的冲裁力与冲裁功，必须（　　）冲床的吨位与额定功率这两项指标。

A. 等于　　B. 小于　　C. 大于

2. 通常情况下，冲裁力是指冲裁过程中的（　　）值。

A. 较大　　B. 最小　　C. 最大

3. 当冲床能力不足时，常采用加热冲裁的方法。加热温度一般取（　　）℃。

A. 300～500　　B. 500～700　　C. 700～900

4. 圆形零件搭边值 a 一般可根据冲裁件的板厚 t 按（　　）选取。

A. $a \geqslant 0.5t$　　B. $a \geqslant 0.7t$　　C. $a \geqslant 1.0t$

5. 方形零件搭边值 a 一般可根据冲裁件的板厚 t 按（　　）选取。

A. $a \geqslant 0.8t$　　B. $a \geqslant 1.0t$　　C. $a \geqslant 1.2t$

三、判断题（正确的打"√"，错误的打"×"）

1. 薄板冲裁时，一般可不考虑冲裁功。（　　）
2. 冲床的技术性能参数对冲裁工作影响不大。（　　）
3. 冲床滑块的行程大小，应能保证在冲裁时顺利地进料、退料。（　　）
4. 用普通平刃冲模进行冲裁时，是沿整个冲裁线同时发生剪切作用，所以冲裁力较小。（　　）
5. 采用斜刃冲模时，为避免在冲裁过程中产生使模具水平移动的侧向力，斜刃应对称布置。（　　）
6. 为了制取平整的零件，落料时，应将斜刃制在凹模上。（　　）
7. 加热冲裁使工作条件变差，但可提高零件质量。（　　）
8. 冲裁件的工艺性是指冲裁件对冲裁工艺的适用性，即冲裁加工的难易程度。（　　）
9. 工艺性较差的冲裁件，产品质量稳定，出现的废品少。（　　）
10. 冲裁加工时的合理排样，是降低生产成本的有效途径。（　　）
11. 排样是冲裁工艺中一项重要的、技术性很强的工作。（　　）
12. 冲裁时应先试冲几块，检查规格、尺寸合格后，再正式连续冲裁。（　　）

四、简答题

1. 冲床主要的技术性能参数有哪些？

2. 冲床按传动结构划分为哪几种？

3. 可采用哪些方法降低冲裁力？为什么？

4. 简述板料冲裁的操作步骤。

5. 冲裁加工要注意哪些事项？冲裁件质量检查的内容有哪些？

五、计算题

1. 已知某冲裁件的厚度 $t=1$ mm，冲裁周长通过计算为 1 200 mm，材料的抗剪强度 $\tau=400$ MPa，求冲裁力 F（K 取 1.3）。

2. 采用平刃冲模，在厚度为 10 mm、抗剪强度为 340 MPa 的低碳钢钢板上冲孔，孔径 $d=50$ mm，试求所需冲裁力（K 取 1.3）。

3. 计算如图 3－1 所示冲裁件的冲裁力（设材料的抗剪强度 $\tau=320$ MPa，K 取 1.3）。

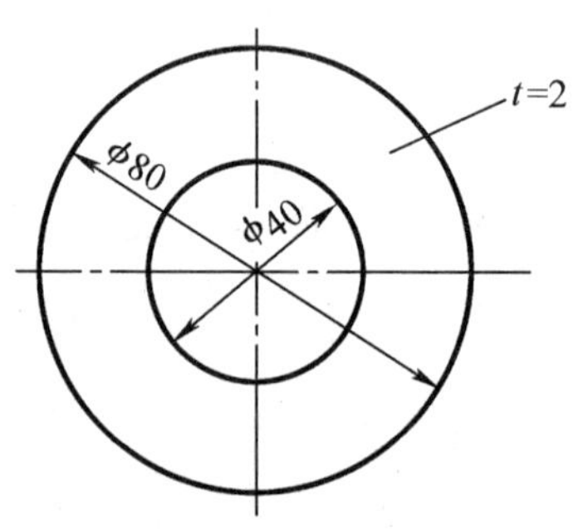

图 3－1　圆环冲裁件

4. 计算如图 3－2 所示冲裁件的冲裁力（设材料的抗剪强度 $\tau=360$ MPa，K 取 1.3）。

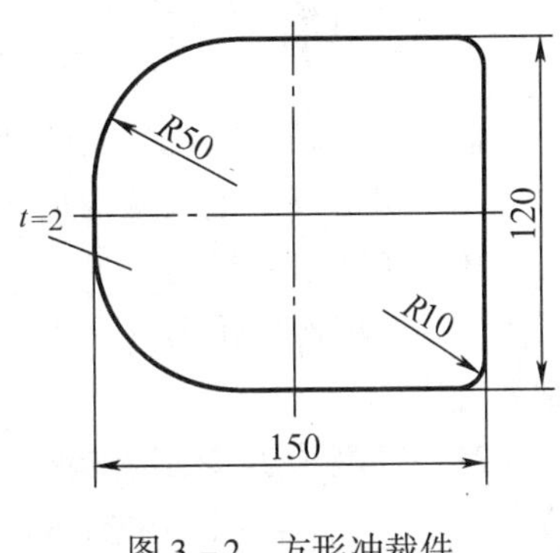

图 3－2　方形冲裁件

课题三　气割及数控切割

子课题 1　气　　割

一、填空题（将正确答案填写在横线上）

1. 氧乙炔焰气割是根据某些金属加热到________时，在氧气流中能够________的原理实现的。

2. 氧乙炔焰气割的过程，由________、________和______________三个阶段组成。

3. 气割与机械切割相比具有__________、__________、____________、__________、______________等优点。

4. 能满足气割条件的金属材料有________、__________、__________和________。

5. 按规定，氧气瓶外表应漆成__________，并用________标明“氧气”字样。

6. 乙炔瓶外表应漆成________，并用________标注“乙炔”字样。

7. 氧气瓶一般应________使用，乙炔瓶必须________使用，并要平稳可靠。

8. 为便于识别，氧气胶管采用________色，乙炔胶管采用________色。

9. 氧气减压器是用来调节氧气___________的装置。

10. 割炬的种类有很多，按形成混合气体的方式不同，可分为________和________两种；按用途不同，可分为__________、__________及______________。

11. 割炬的作用是使________与________以一定的比例和方式________，形成具有一定热量和形状的__________，并在__________的中心喷射__________进行气割。

12. 预热火焰能率的大小，应根据工件________恰当地选择。

13. 氧气压力应根据__________、__________和____________选定。

14. 气割速度必须与切口整个厚度上金属的____________一致。手工气割时，合理的气割速度可通过________来决定，一般以不产生或只有少量后拖量的情况为宜。

15. 氧乙炔焰气割时的预热火焰，根据氧气和乙炔的混合比不同，分为__________、

__________、__________三种。

16. 半自动气割机除可以以一定速度自动沿切割线移动外，其他切割操作均由__________________。

17. 半自动气割机最大的特点是________、________、______________。

18. 仿形气割机的结构形式有两种，一种是____________，另一种是____________。

19. 仿形气割机由__________、__________和__________三大部分组成。

20. 光电跟踪仿形气割机是由____________、____________和__________组成的自动控制系统。

21. 气割预热火焰应选取氧和乙炔比例适当，对金属无碳化作用的________，主要通过调节________________来实现。

22. 在气割过程中，割炬移动的速度要______________，割嘴至割件表面的距离应______________。

23. 在气割接近终点时，割嘴应略向________倾斜，以便钢板________提前被割透，使上、下受热均衡，收尾____________。

24. 停割后，先关闭________阀门，再关闭__________阀门熄火，最后关闭__________阀门。

二、选择题（将正确答案的代号填入括号内）

1. 使用氧乙炔焰切割的实质，是使金属（　　）。
   A. 燃烧　　B. 熔烧　　C. 熔化
2. 一般碳钢在纯氧中的燃点为（　　）℃。
   A. 800 ~ 950　　B. 1 000 ~ 1 050　　C. 1 100 ~ 1 150
3. 满足气割条件的金属燃烧时是（　　）反应。
   A. 吸热　　B. 放热　　C. 物理
4. 气割时，预热火焰能率用（　　）每小时消耗量（L/h）表示。
   A. 混合气体　　B. 可燃气体　　C. 助燃气体
5. 气割时，预热火焰能率（　　），则影响气割质量。
   A. 过大　　B. 过小　　C. 过大或过小
6. 气割低碳钢所用的预热火焰为（　　）。
   A. 氧化焰　　B. 中性焰　　C. 碳化焰
7. 气割的热量越大、越集中，则气割变形（　　）。
   A. 就越大　　B. 就越小　　C. 不受影响
8. 采用中性焰气割时，最高温度可达（　　）℃左右。
   A. 2 000　　B. 3 000　　C. 4 000
9. 气割速度必须与切口整个厚度上金属的（　　）速度相一致。
   A. 氧化　　B. 熔化　　C. 乙炔燃烧

三、判断题（正确的打"√"，错误的打"×"）

1. 气割可以切割任意厚度的钢材。（　　）

2．气割可实现空间任意位置的切割。（　）

3．能被氧乙炔焰气割的金属，其熔点必须高于其燃点。（　）

4．满足气割条件的金属燃烧时，应能放出大量的热，而且金属本身的导热性要好。（　）

5．金属本身的熔点只有低于该金属氧化物的熔点，同时流动性要好时，才能应用氧乙炔焰气割工艺。（　）

6．凡是碳素钢都能满足氧乙炔焰气割条件。（　）

7．因为铜、铝导热太快，所以不能用普通方法气割。（　）

8．用氧乙炔焰气割时，预热火焰能率选择得越恰当，切割质量越好。（　）

9．气割时，氧气压力大小应适当，过大或过小，对气割都不利。（　）

10．切割时，在氧气压力不变的条件下，割嘴的规格越大，所能切割钢板的厚度越大。（　）

11．气割后工件将会产生较大变形，若对气割顺序进行合理选择，则可减小割件的变形。（　）

12．乙炔瓶放置灵活，既可横放，也可立放，使用起来特别方便。（　）

13．氧气瓶既可横放，也可立放。（　）

14．为拆装方便和减少锈蚀，对氧气瓶开关和接头处的螺纹，可适当涂些油脂润滑。（　）

四、简答题

1．简述气割的过程及优缺点。

2．能进行气割的金属材料必须满足哪些条件？铸铁为什么不能用普通方法气割？

3. 气割工艺参数主要有哪些？

4. 简述中厚板材气割的操作要领。

5. 气割薄钢板时应注意哪几点？

6. 简述大厚度钢板及法兰的气割方法。

7. 简述气割件的质量检查内容。

子课题2 数控切割

一、填空题（将正确答案填写在横线上）

1. 数控切割就是根据被切割零件的________和________要求，编制成以数码表示的程序，输入到设备的数控装置或控制计算机中，以控制气割器具按照给定的程序自动地进行________，使之切割出合格________的工艺方法。

2. 数控切割程序的编制方法有__________和计算机____________两种。

3. 数控切割机的组成可以概括为两大部分：__________和__________。

4. 数控切割前，应进行空车试运行，以检验切割机的______________是否符合______________要求。

5. 切割过程中易出现断割现象，主要是钢板________或__________所致。

6. 数控切割前的准备工作主要包括________、________、________、________及辅助工作等。

7. 数控切割的精确切割，使装配后得到的坡口间隙________、________，又减小了________，使焊后__________的工作量减少。

8. 数控切割操作中，操作者要注意观察割枪的工作状态，如果出现切口、割纹________或________等情况时应立即停止切割。

9. 数控切割空车试运行中，操作者应注意观察割枪________、________、________是否满足图样要求。

二、选择题（将正确答案的代号填入括号内）

1. 数控切割件切割面的表面粗糙度值可达到 $Ra12.5 \sim 25\ \mu m$，尺寸误差可以小于（　　）mm。

A. 0.5　　B. 1　　C. 1.5

2. 数控切割的钢材利用率要比手工切割的钢材利用率（　　）。

A. 高 10% ~15%　　B. 低 5% ~10%　　C. 低 10% ~15%

3. 数控切割的精度与手工切割的精度相比，（　　）。

A. 数控切割的精度高　　B. 两者的精度相同　　C. 手工切割的精度高

4. 铺设钢板要求钢板边缘与数控切割机轨道保持平行，误差不大于（　　）mm。

A. 2　　B. 4　　C. 6

三、判断题（正确的打“√”，错误的打“×”）

1．数控切割下料，是计算机技术在冷作各工序中开发应用较晚、技术成熟、获得广泛应用的一种工艺方法。（　）

2．数控切割技术的应用，使许多切割面已直接作为不需加工的成品表面成为现实。（　）

3．数控切割代替了原来手工操作的放样、号料、切割或剪切工序。（　）

4．数控切割机的割炬实际运动轨迹与零件图形完全吻合。（　）

5．从发展趋势看，数控切割必将代替传统的手工切割下料。（　）

6．HMJ—000 小型龙门式数控火焰等离子切割机具有等离子切割和火焰切割两种功能。（　）

7．数控切割所绘制的电子图样除保留切割线条外，中心线和尺寸线等线条也需要保留。（　）

四、简答题

1．逐点比较法的原理是什么？

2．插补方法在控制机床坐标（割炬）走一步时都要完成哪四个工作节拍？

3．简述数控切割的操作过程。数控切割具有哪些优点？

第四单元 矫　　正

课题一　手 工 矫 正

子课题 1　板材的矫正

一、填空题（将正确答案填写在横线上）

1. 钢材在轧制过程中可能因产生残余应力而引起________。

2. 根据引起钢材和工件变形的三个原因，矫正实际上包括________矫正、________矫正以及__________矫正。

3. 钢材的变形会影响工件的__________、__________和其他加工工序的正常进行，并________加工精度。

4. 零件在加工过程中产生的变形如不进行矫正，则会影响整个结构的________。

5. 由焊接产生的变形会降低装配质量，并使结构内部产生________，以致影响到结构的________。

6. 无论何种原因造成钢材和工件变形，都必须进行矫正，以消除________或将其限制在规定的________以内。

7. 由于各种原因，钢材和构件的内部存在不同的___________，使结构组织中一部分纤维________而受到周围的________，另一部分纤维________而受到周围的________，从而造成变形。

8. 任何矫正方法都是形成新的、方向相反的变形，以抵消钢材或构件原有的变形，使其达到规定的________和________要求。

9. 矫正的方法有多种，按矫正时工件的温度，可分为________和________两种；按矫正时力的来源和性质，可分为________、________、________和高频热点矫正。

10. 矫正的过程就是钢材由________变形转变到________变形的过程。

11. 机械矫正的机床有__________、____________、__________、__________。

12. 手工矫正是指使用____________、____________、____________、台虎钳等简单工具，通过____________、____________、____________等手工操作，矫正小尺寸钢材或工件的变形。

13. 大型焊接结构的变形矫正则主要采用__________的方法。

14. 手工矫正就是锤击工件的特定部位，以使该部位较紧的金属得到________，最终使各层________趋于一致，达到矫正的目的。

15. 薄板中部凸起俗称“鼓包”，是由于板材________、________造成的。

16. 矫平中部凸起的薄板时，应从________开始向________呈放射形锤击，越向外锤击

________越大，锤击力也________，以使由里向外的各部分金属纤维层得到不同程度的________，________变形在锤击过程中逐渐消失。

17. 薄板表面若有几处相邻的凸起，则应在凸起的________轻轻锤击，使数处凸起________凸起，然后再锤击薄板凸起四周使之展平。

18. 若薄板四周呈波浪变形，则表示板材________、________。矫正时，由________向________锤击，锤击的密度和力度逐渐________，在板材中部纤维层产生较大________，使薄板的四周波浪变形得到矫正。

二、选择题（将正确答案的代号填入括号内）

1. 在备料阶段对板材、型材和管材进行的矫正称为（　　）矫正。
   A. 钢材　　B. 零件　　C. 部件及产品
2. 在钢板被剪切或气割成零件后，对加工变形的矫正称为（　　）矫正。
   A. 钢材　　B. 零件　　C. 部件及产品
3. 构件在装配焊接过程中及产品完成后，对焊接变形的矫正称为（　　）矫正。
   A. 钢材　　B. 零件　　C. 部件及产品
4. 当外力消除后，能恢复原来几何形状和尺寸的变形称为（　　）变形。
   A. 弹性　　B. 塑性　　C. 焊接

三、判断题（正确的打“√”，错误的打“×”）

1. 刚轧制出厂的钢材内部不存在内应力。（　　）
2. 钢材和工件的变形不一定都是在加工过程中产生的。（　　）
3. 钢材在存放中摆放不当也可能引起变形。（　　）
4. 钢材可矫正的根本原因是钢材具有一定的强度。（　　）
5. 热轧薄钢板时，由于薄钢板冷却速度较快，延伸较多的部分在压应力作用下容易失去稳定，因此使钢板产生弯曲变形。（　　）
6. 用氧乙炔焰气割钢板时，钢板会因局部受热而造成各种形式的变形。（　　）
7. 矫正就是将已变形的钢材在外力作用下使其产生塑性变形。（　　）
8. 冷矫正是指在低温状态下对钢材进行的矫正。（　　）
9. 热矫正利用的是钢材热胀冷缩的物理特性。（　　）
10. 钢结构件的变形主要是由于存在焊接应力，进而出现焊接变形而引起的。（　　）
11. 无专门矫正设备时，对于小尺寸的板材、型材、切割后的零件及焊接结构的局部变形，都可以采用手工矫正法进行矫正。（　　）
12. 直接锤击薄板中部凸起处即可将薄板的变形矫正。（　　）
13. 矫平薄板对角翘起时，应沿翘起的对角线进行锤击，使其延伸而矫平。（　　）
14. 矫正厚钢板的弯曲变形，可用大锤直接锤击凸起处，但锤击力不应超过材料的屈服强度。（　　）

四、简答题

1．造成钢材和工件变形的原因来自哪几个方面？

2．原材料和零件、部件的变形会造成哪些影响？

3．简述金属变形的实质。

4．矫正的目的是什么？

5．简述矫正过程中运用“矫枉必须过正”的道理。

6．简述矫正薄板的中间凸起变形的操作步骤与方法。

子课题 2　窄钢板条的矫正

一、填空题（将正确答案填写在横线上）

1．窄钢板条变形往往同时存在__________和________。

2．矫正窄钢板条变形的正确工序是__________→__________→__________。

3．矫正窄钢板条的扭曲变形，可采用__________或__________两种方法。

4．用扳扭法矫正窄钢板条的扭曲变形，就是在钢板条扭曲处两端施加__________力，使钢板条新的________与原有的__________相互抵消，从而使扭曲变形被矫正。

5．用锤击法矫正窄钢板条的扭曲变形，是靠______________使钢板条发生________以矫正变形。

6．窄钢板条立面弯曲变形的矫正，可以采用____________和____________两种方法。

7．矫正窄钢板条平面弯曲变形时，可以沿窄钢板条凸起面纵向________进行击打，即可将工件矫正。但需注意，锤击时落锤点不要偏在钢板条的________，以免引起________弯曲。

二、简答题

1. 窄钢板条常见的变形形式有哪几种?

2. 简述窄钢板条弯曲变形的矫正方法及扭曲变形的矫正方法。

3. 简述窄钢板条弯曲、扭曲变形的手工矫正操作步骤。

4. 简述窄钢板条弯曲、扭曲变形手工矫正的质量检查方法。

子课题 3　角钢框变形的矫正

简答题

1．简述角钢框变形的矫正方法。

2．简述角钢框变形的手工矫正操作步骤。

课题二　机 械 矫 正

子课题 1　板材的矫正

一、填空题（将正确答案填写在横线上）

1. 采用机械矫正法矫正板材的变形一般多在________________上进行，但有时也可利用__________或其他设备进行矫正。

2. 根据轴辊的排列形式和调节轴位置的不同，常用的多辊矫平机有______________和________________两种。

3. 厚度在 3 mm 以上的钢板，通常在________或________矫平机上矫平；厚度在 3 mm 以下的薄板，必须在________、________或更多辊的矫平机上矫平。

4. 在缺少专用钢板矫正机时，厚钢板的弯曲变形矫正也可以在________上进行。

二、选择题（将正确答案的代号填入括号内）

1. 矫平 2 mm 以下钢板时，应选用（　　）辊的矫平机为宜。
   A. 5　　B. 7　　C. 15

2. 一般来说，薄板容易变形，矫正起来比较（　　）。
   A. 容易　　B. 困难　　C. 方便

3. 由于薄钢板的刚性较差，易失稳，因此拼接后容易产生（　　）变形。
   A. 弯曲　　B. 波浪　　C. 扭曲

三、判断题（正确的打“√”，错误的打“×”）

1. 用上辊列倾斜矫平机矫工钢板时，头几对轴辊矫正的是钢板的基本弯曲，继续进入时其余各对轴辊对钢板产生拉力。（　　）

2. 上辊列倾斜矫平机多用于厚钢板的矫正。（　　）

3. 用多辊矫平机矫正凹凸变形严重的钢板时，应选择大小和厚度合适的低碳钢钢板条垫在需加大拉伸的部位，以提高矫平效果。（　　）

4. 当钢板（零件）放在被用作垫板的平整厚钢板上矫正时，多辊矫平机上辊和下辊的间隙应小于垫板和钢板（零件）厚度之和。（　　）

5. 薄板拼接后产生的波浪变形，是焊缝的纵向收缩引起的。（　　）

四、简答题

1. 矫正板材的多辊矫平机有哪几种？钢板在矫平机上是如何被矫平的？

2．薄板拼接后产生的波浪变形为何用专门的碾压滚轮就可矫正？

子课题2　型钢的矫正

一、填空题（将正确答案填写在横线上）

1．槽钢的变形主要是________变形和________变形。

2．由于槽钢断面尺寸大，刚性较好，矫正其变形需要较大的________，因此一般采取____________。只有尺寸较小的槽钢变形才采取____________。

3．矫正槽钢变形的基本工序是：______________→____________→____________。

4．槽钢的立面弯曲是指在其________________的弯曲。

5．槽钢的平面弯曲是指________________的弯曲。

6．型钢撑直机是采用______________的方法，矫正型钢和各种焊接梁的弯曲变形。

二、简答题

1．在普通液压机上矫正型钢和焊接梁的弯曲和扭曲变形时，应主要考虑哪些因素？

2．简述机械矫正槽钢扭曲变形的操作方法。

3．简述机械矫正槽钢立面弯曲变形的操作方法。

4．简述机械矫正槽钢平面弯曲变形的操作方法。

5．简述机械矫正槽钢变形的质量检查方法。

课题三　火 焰 矫 正

子课题1　板材的矫正

一、填空题（将正确答案填写在横线上）

1. 火焰矫正时，应对变形钢材或构件纤维________处的金属进行有规律的火焰集中加热，并达到一定的________，使该部分金属获得不可逆的__________。冷却后，对周围的材料产生________，使变形得到矫正。

2. 金属具有热胀冷缩的特性，局部加热时，被加热部分的金属________，由于周围金属________相对较低，________受到阻碍，使加热部分金属受到________。当加热温度达到600～700 ℃时，应力超过________，即产生塑性变形。

3. 火焰矫正能获得相当大的__________，矫正________明显。

4. 经火焰局部加热，产生塑性变形的部分金属冷却后都趋于__________，引起结构新的________，这是__________的基本规律。

5. 火焰矫正设备________、方法________、操作________。

6. 火焰矫正不仅在材料准备工序中用于________和________的矫正，而且广泛地应用于金属结构在制造过程中各种________的矫正。

7. 火焰在工件上加热的位置对矫正效果有很大影响。由于加热金属冷却以后都是________的，因此一般总是把加热位置选在金属________、________的部位。

8. 火焰矫正时，若火焰热量不足，势必延长________时间，降低工件上的________，加热处和周围金属________减小，从而________矫正效果。

9. 火焰矫正所获得的矫正力和加热面积成__________比，达到热塑状态的__________越大，得到的__________也越大。

10. 工件的刚度和变形越大，加热的________也应越大。必要时可以多次加热，但加热的位置应________。

11. 火焰加热时，若浇水急冷，可提高________，这种方法称为________。

12. 火焰矫正的加热方式，按加热区的形状分为________、________和________三种方式。

13. 火焰矫正的线状加热方式多用于矫正________和____________的结构。

14. 火焰矫正的三角形加热方式常用于矫正________和__________较大的构件的变形，或用于矫正________中钢板自由边缘的________变形。

15. 火焰矫正的三角形加热方式中，三角形的顶角约为________。矫正型钢或焊接梁时，三角形的高度应为幅板高度的________。

16. 用火焰矫正法矫正薄板中间凸起而四周较平整时，是将薄钢板________向上置于平台上，四周用卡子压紧，对称地从________向________点状加热________部位。

二、选择题（将正确答案的代号填入括号内）

1. 火焰矫正的温度为（　　）℃。

A. 500~600　　B. 600~700　　C. 700~1 000

2. 用火焰矫正钢材的弯曲变形时，加热位置应选择在材料弯曲部分的（　　）。

A. 凸侧　　B. 中间　　C. 凹侧

3. 火焰矫正的过程是钢材由（　　）的过程。

A. 旧变形到新变形　　B. 新变形到旧变形　　C. 弹性变形到塑性变形

4. 火焰矫正的效果取决于加热的（　　）。

A. 位置和冷却速度　　B. 位置和热量　　C. 热量和冷却速度

5. 薄钢板不平时，火焰矫正的加热方式采用（　　）。

A. 点状加热　　B. 线状加热　　C. 三角形加热

6. 采用点状加热矫正薄钢板的凸起变形时，加热点的大小与钢板的（　　）有关。

A. 材质　　B. 面积　　C. 厚度

7. 采用点状加热矫正薄钢板的凸起变形时，可以辅以浇水急冷和木锤锤击，其目的是为了（　　）。

A. 加速冷却　　B. 加速收缩　　C. 防止矫正过度

8. 火焰矫正时，线状加热后的钢板，其纵向收缩（　　）横向收缩。

A. 大于　　B. 等于　　C. 小于

9. 加热区冷却后，热膨胀处向中心收缩是（　　）加热的特点。

A. 三角形　　B. 点状　　C. 线状

10. 对较厚钢板的均匀弯曲变形进行火焰矫正时，其加热深度不应超过板厚的（　　）。

A. 1/2　　B. 1/3　　C. 1/4

11. 用氧乙炔焰加热矫正薄钢板时，加热火焰应采用（　　）。

A. 中性焰　　B. 氧化焰　　C. 碳化焰

12. 火焰矫正的最高温度不能超过（　　）℃，过热会使金属材料的力学性能变坏。

A. 600　　B. 800　　C. 1 000

13. 在火焰矫正（　　）类材料时，不允许采用浇水急冷的方法。

A. 低碳钢　　B. 中碳钢　　C. 高碳钢

14. 薄板变形的火焰矫正过程中若需要锤击时，应采用（　　）。

A. 大锤　　B. 手锤　　C. 木锤

三、判断题（正确的打“√”，错误的打“×”）

1. 火焰矫正是利用金属局部加热后所产生的塑性变形，去抵消原有的变形，从而达到矫正变形的目的。（　　）

2. 一般低碳钢，当温度达到400~500 ℃时，屈服强度接近于零，此时金属材料的变形主要是塑性变形。（　　）

3. 火焰矫正不仅用于钢材，还更多地被用于矫正不同尺寸和不同形式的各种钢结构的变形。（　　）

4．火焰矫正设备简单、方法灵活、操作方便。（ ）

5．火焰矫正不能消耗金属材料的塑性储备。（ ）

6．当加热方式、位置和火焰热量都相同时，所获得矫正变形量的大小与工件本身的刚度有关。工件刚度越大，变形越大。（ ）

7．火焰在工件上的加热位置对矫正效果有很大影响。错误的加热位置，不仅起不到矫正的效果，还会加剧原有的变形或使变形更趋复杂。（ ）

8．火焰在工件上加热的位置相对于结构中性轴的距离十分重要，距离越远，变形越小，效果越差。（ ）

9．火焰矫正时，加热的时间越长，热量越充足，矫正效果越好。（ ）

10．采用火焰加热矫正时，产生的新变形方向与原来的变形方向相反。（ ）

11．火焰矫正时，工件的刚度和变形越大，其加热的总面积也应越大。（ ）

12．用火焰矫正厚钢板变形时，若加热时间短、速度快，则钢板在厚度方向造成的温度差较大，矫正效果就好。（ ）

13．火焰矫正不仅适用于塑性较好的金属材料，也适用于高合金钢、铸铁等脆性金属材料。（ ）

14．为了提高矫正效率，所有钢材火焰矫正时都可以采用浇水急冷。（ ）

15．火焰矫正，必要时可以多次加热，但加热的位置不应重复。（ ）

16．对于火焰矫正来说，金属的冷却速度对矫正效果并无明显影响。（ ）

17．火焰矫正的原理是将工件上“紧”的部位变“松”。（ ）

18．用火焰矫正薄钢板变形时，一般采用三角形加热方式。（ ）

19．用火焰矫正槽钢和工字梁的变形，一般采用点状加热方式进行矫正。（ ）

20．采用三角形加热进行火焰矫正时，如果材料较厚，就应采用两面加热，且两面的位置、形状要一致。（ ）

21．当材料太厚时，即使是低碳钢，火焰矫正时也不允许浇水，因为材料内部、表面冷却速度的不一致，容易使材料内部产生裂纹。（ ）

22．进行火焰矫正时，不能利用机具的牵、拉、顶、压等形式，否则就不能称为火焰矫正。（ ）

四、简答题

1．简述火焰矫正的原理、特点及影响火焰矫正效果的因素。

2. 火焰矫正的加热区形状有哪几种？各有什么特点？

3. 在火焰矫正中，浇水急冷的目的是什么？哪些材料不允许浇水急冷？

4. 简述火焰矫正的工艺要领。

5. 简述火焰矫正钢板四边波浪变形及中间凸起变形的操作方法。

6．简述火焰矫正较厚钢板均匀弯曲变形的操作方法。

子课题2　型钢的矫正

一、填空题（将正确答案填写在横线上）

1．工字梁弯曲变形可分为________和________两种形式。

2．工字梁立拱和旁弯的矫正均可采用__________加热方式，加热位置应在工件弯曲的________，并应________分布。

3．矫正工字梁立拱时，以加热________为主；矫正工字梁旁弯时，只要加热______________即可。

二、选择题（将正确答案的代号填入括号内）

1．火焰矫正工字梁旁弯时，常采用（　　）加热方式。

A．点状　　　　B．线状　　　　C．三角形

2．结构件产生变形都是由于其（　　）较差的缘故。

A．强度　　　　B．刚度　　　　C．硬度

3．在矫正结构件变形时，由于受条件的限制，采用较多的矫正方法是（　　）。

A．机械矫正　　　　B．全加热矫正　　　　C．火焰矫正

三、简答题

1．简述构件产生变形的原因。

2. 简述工字梁扭曲变形矫正的操作方法。

3. 简述工字梁弯曲变形矫正的操作方法。

课题四　构件的矫正

子课题 1　焊接箱形梁的火焰矫正

一、填空题（将正确答案填写在横线上）

1. 型材和焊接梁较为常见的变形是________变形，但有时也有________变形，焊接梁还有翼板的_________。

2. T 字梁在腹板平面内不同方向的弯曲，采取在腹板上用_________加热或在翼板上________加热予以矫正。

3. T 字梁翼板平面内的弯曲（旁弯）则在翼板________一侧用三角形加热方式矫正。加热区的________和________视弯曲挠度而定。

4. T 字梁翼板如有角变形，应在翼板上沿焊缝背面作________加热。变形较小时取________，变形较大时取________。

5. 对于直径较大的圆管和轴类零件的弯曲变形，可在其________一侧用_________加热方式矫正。

二、简答题

简述焊接箱形梁变形的矫正步骤与方法。

子课题 2　支架变形的矫正

一、填空题（将正确答案填写在横线上）

1. 由板材和型材组成的角接焊缝所引起的角变形，一般只需在焊缝________进行________加热即可矫正。
2. 复杂板架结构变形的矫正难度较大，需要具有丰富的________和熟练的________。
3. 板架的自由边缘和板上各孔口的周边，容易产生严重的________褶皱。

二、简答题

简述支架变形的矫正步骤与方法。

第五单元　零件的预加工

课题一　钻　　孔

一、填空题（将正确答案填写在横线上）

1. 钻削加工时，钻头绕轴所做的旋转运动称为________，钻头对着工件做的前进直线运动称为________。由于这两种运动是同时连续进行的，因此钻头切削刃上各点是做________运动，对材料进行切削而完成钻孔作业的。

2. 钻孔时，加工的精度只能达到________级，表面粗糙度值为________μm，只适用于加工精度要求不高的孔。

3. 钻头的种类有很多，分为____________、____________、____________等。其中最常用的是__________。

4. 钻头的柄部分两种：一种是__________，只适用于直径在______mm 以内的钻头；另一种是______________，适用于直径大于________mm 的钻头。

5. 钻头的柄部是钻头的________部分，用来传递钻孔时所需的________和________，并使钻头轴线保持正确的位置。

6. 钻头的导向部分在切削过程中能保持钻头正直的________，并具有________的作用，同时还是切削部分的__________。

7. 标准麻花钻的顶角 2φ 为__________。

8. 前面与后面的交线称为__________。

9. 两个后面相交形成的切削刃称为________。

10. 前面与副后面的交线称为____________。

11. 钻头两主切削刃间的夹角称为________。

12. 钻头主切削刃上任意点处的切削平面与后面之间的夹角称为________。

13. 钻头横刃和主切削刃之间的夹角称为____________。

14. 主切削刃上任意一点的______，是该点前面的切线与基面在主正交平面上投影的夹角。

15. 装夹钻头的工具有________和__________。

16. 刃磨钻头时，只磨两个后面，但同时应保证________、________和________都达到正确的角度。

17. 钻头在砂轮上刃磨时，要求砂轮表面必须________、有______、外圆______要小。

18. 钻头刃磨时，压力不宜过大，并要经常__________，防止钻头因________而降低其硬度。

19. 钻头刃磨时，检验钻头的几何角度及两主切削刃的对称等要求的方法有__________

和__________两种。

20. 冷作工常用的钻孔设备和钻孔工具有________、__________、__________及______等。

21. 台式钻床的规格有______和______两种。

22. 立钻一般用来钻______工件上的孔。

23. 摇臂钻床适用于加工______工件和______的工件。

24. 钻孔前必须将工件__________，以防钻孔时因工件移动、旋转而______，或使钻孔位置______。

25. 钻孔时夹持工件的方法，主要根据工件的______和______而定。

26. 钻孔时的切削用量是________、______和________的总称。

27. 钻孔的切削速度是钻削时钻头直径上一点的________。

28. 钻孔时的进给量是钻头__________________的距离，单位以 mm/r 计算。

29. 在实心材料上钻孔时，背吃刀量等于____________。

30. 在钻削过程中，由于切屑的___和钻头与工件摩擦所产生______，将降低钻头的________，严重时则引起钻头切削部分________，对钻孔质量有一定影响。

31. 电钻是用手直接握持使用的一种钻孔工具，使用____，____方便。

32. 电钻的电源电压一般有____和____两种。

33. 电钻的尺寸规格按所钻最大孔径分为______、______、________等几种。

34. 电钻由______、________、______、____和____等部分组成，常用的有______和______两种。

35. 国家规定，手持电动工具必须安装____________。

36. 漏电保护器的主要作用是：在电动工具发生______的同时________，起着防触电的保护作用。

37. 漏电保护器分为________和__________，其规格为________。

二、选择题（将正确答案的代号填入括号内）

1. 直柄钻头传递的转矩比锥柄钻头传递的转矩（　　）。

   A. 小　　B. 大　　C. 相等

2. 一般钻软材料时，钻头顶角应（　　）。

   A. 大一些　　B. 小一些　　C. 不变

3. 钻头的横刃与主切削刃之间的夹角称为横刃斜角，一般应为（　　）。

   A. 40°～50°　　B. 50°～55°　　C. 55°～60°

4. 当工件较大不易移动时，选用（　　）钻孔比较合适。

   A. 台式钻床　　B. 立式钻床　　C. 摇臂钻床

5. 工件上的通孔将要钻穿时，必须（　　）进给量。

   A. 增大　　B. 减小　　C. 不改变

6. 钻深孔时，一般当钻进深度达到直径的（　　）倍时，钻头需退出排屑。

   A. 1　　B. 2　　C. 3

7. 直径超过 30 mm 的大孔，可分两次钻削，先用（　　）倍孔径的钻头钻孔，再用所需孔径的钻头扩孔。

A. 0.1～0.3　　B. 0.3～0.5　　C. 0.5～0.7

8. 钻头直径较小时，可选用较高的转速，进给量也可以（　　）。

A. 适当增大　　B. 适当减小　　C. 不改变

9. 当钻头直径小于5 mm时，应选用（　　）转速，但进给量不能太大，一般用手动进给，否则容易折断钻头。

A. 低　　B. 中　　C. 高

10. 当材料的强度、硬度较高，或钻头直径较大时，宜用（　　）的切削速度。

A. 较低　　B. 较高　　C. 较大

三、判断题（正确的打"√"，错误的打"×"）

1. 钻头的柄部只起夹持的作用。（　　）
2. 钻头的螺旋槽是用来排屑的。（　　）
3. 钻头的顶角与所钻材料的性质有关，一般钻软材料时，顶角要选得小一些。（　　）
4. 钻头的后角在主切削刃上的各点是不同的，越靠近中心越大。（　　）
5. 钻头的前角决定材料切削和切屑在前面上的摩擦阻力，前角越大，切削越省力。（　　）
6. 锥柄钻头柄部扁尾的作用是便于用楔铁把钻头从主轴或钻头套中退出。（　　）
7. 钻头的横刃斜角与后角有关，当刃磨后角大时，横刃斜角就会增大。（　　）
8. 合理地选择切削用量，可防止钻头过早磨损或损坏，防止机床过载，提高工件的钻削精度，改善孔的表面粗糙度。（　　）
9. 用不同直径的钻头钻削同一种材料，直径较小的钻头应选较低的钻速。（　　）
10. 磨削小直径的钻头时，应选用细砂轮。（　　）
11. 方形工件钻孔时，最好用V形架进行固定。（　　）
12. 钻孔时不允许戴手套，是考虑操作方便。（　　）
13. 电钻的规格为6 mm，即表示最小钻孔直径为6 mm。（　　）
14. 电钻必须安装漏电保护器后方可使用。（　　）
15. 手枪式电钻采用了双重绝缘结构，安全性能好。（　　）
16. 电钻的电源电压都是220 V。（　　）

四、简答题

1. 什么是零件的预加工？

2. 简述麻花钻各组成部分的名称及作用。

3. 简述标准麻花钻的刃磨要求、刃磨步骤与方法。

4. 刃磨薄板钻时应掌握哪些操作要点？

5. 孔将要钻穿时容易产生哪些不良现象？应如何防止？

6. 钻孔时为什么要加注足够的切削液？

7. 什么是切削用量？为什么要合理地选择切削用量？

8. 起钻时，如果发现孔位偏移，应如何修正？

9. 何种情况下选用电钻钻孔？磁力电钻有哪些应用领域？

五、计算题

1. 某台钻床以 375 r/s 的钻速钻孔时，切削速度为 23.6 m/s，试求合适的钻头直径。

2. 某台钻床切削速度为 25.8 m/s，钻头直径为 8.5 mm，试求合适的钻速。

课题二　磨削与开坡口

子课题 1　磨　　削

一、填空题（将正确答案填写在横线上）

1. 用砂轮对工件表面进行的加工称为______。

2. 砂轮机不仅能进行磨削，如换装钢丝轮，还可清除金属表面的________或________。

3. 电动砂轮机由________、________、__________、________、________和________组成。

4. 电动砂轮机的规格，按砂轮直径可分为________、________和________三种。

5. 电动角磨机是利用高速旋转的薄片砂轮以及橡胶砂轮、钢丝砂轮等对金属构件进行________、________、________、________加工。

6. 直磨机驱动方式主要有________、________和________。

二、判断题（正确的打"√"，错误的打"×"）

1. 冷作工要经常进行各种磨削操作。（　　）

2. 要利用好砂轮边角及侧面去磨削一些空间狭小的工件。（　　）

三、简答题

1. 什么是磨削？冷作工要经常进行哪些磨削操作？

2. 简述磨削方法及注意事项。

子课题2　开　坡　口

一、填空题（将正确答案填写在横线上）

1. 为了保证＿＿＿＿＿＿＿和＿＿＿＿＿＿要求，在对接或角接时，需在厚板的焊缝接头处＿＿＿＿＿。

2. 是否需开坡口以及开坡口的形式与材料的＿＿＿＿＿＿、＿＿＿＿＿＿、＿＿＿＿＿＿和＿＿＿＿＿、产品的＿＿＿＿＿＿等因素有关。

3. 容易产生裂纹的低合金中、厚钢板或合金钢材焊接时，应选择＿＿＿＿＿坡口。

4. 开U形和双U形坡口的焊件，焊后的焊接＿＿＿＿＿和＿＿＿＿＿都很小。

5. 当钢板厚度为12～60 mm时，可采用＿＿＿＿＿坡口。这种坡口的金属填充量要比＿＿＿＿＿坡口少一半，工件焊后＿＿＿＿和＿＿＿＿比较小。

6. 开坡口的方法有＿＿＿＿＿、＿＿＿＿＿、＿＿＿＿＿＿三种。

7. 无论采用何种方法加工的坡口都必须对其＿＿＿＿＿、＿＿＿＿＿做认真检查，这将给＿＿＿＿＿＿带来有利的影响。

二、选择题（将正确答案的代号填入括号内）

1. 是否需开坡口以及开坡口的形式与焊接方法（　　）。

　A. 有关　　　　　　　　B. 无关

2. 碳弧气刨的特点，比风铲切削效率（　　），特别适用于仰位、立位的刨削，无震耳的噪声，并能减轻劳动强度。

　A. 低　　　　　　　　　B. 高

3. X形坡口的金属填充量要比V形坡口的（　　），工件焊后变形和应力比较小。

　A. 大　　　　　　　　　B. 小

4. U形坡口比V形坡口焊后变形（　　）。

　A. 大　　　　　　　　　B. 小

三、判断题（正确的打“√”，错误的打“×”）

1. 坡口形式选择不当，容易产生较大的变形和内应力。（　　）

2. 利用碳弧的高温，把金属的局部熔化，称为碳弧气刨。（　　）

3. 用气割的方法可以加工U形坡口。（　　）

4. 用碳弧气刨加工坡口时，可以用氧气将熔化的金属吹除。（　　）

四、简答题

1. 选择坡口的形式，应从哪些方面进行考虑？

2. 简述坡口的主要检查项目有哪些。

课题三　手工切削加工

子课题1　錾　　削

一、填空题（将正确答案填写在横线上）

1. 用錾子分离材料的机械加工方法称为________。

2. 台虎钳是用来________工件的通用设备，其规格用钳口的________表示。

3. 台虎钳有________和________两种。

4. 錾子的种类有很多，冷作工常用的有________和________两种。

5. 扁錾的切削部分扁平，主要用于________和______________，有时也用于去除工件的飞边、毛刺。

6. 窄錾用于________、____________等。

7. 锤子由________和________等组成。锤子的规格以锤头的________来表示。

8. 挥锤有____________、______________和______________三种方法。

9. 一般锤击速度为每分钟__________次。

二、选择题（将正确答案的代号填入括号内）

1. 錾子切削刃两面的夹角称为楔角，楔角（　　），錾子的刃口越锋利，强度越差。

A. 越大　　B. 越小

2. 选择錾子的楔角应在保证强度的前提下尽量取（　　）。

A. 较小值　　B. 最大值　　C. 最小值

3. 錾削中碳钢和其他中等硬度的材料时，楔角取（　　）。

A. $30° \sim 50°$　　B. $50° \sim 60°$　　C. $60° \sim 70°$

4. 錾削时，錾子倾斜角度正确时，切削后角为（　　）。

A. $5° \sim 8°$　　B. $10° \sim 15°$　　C. $15° \sim 20°$

5. 挥锤有三种方法，锤击力量以（　　）时最大。

A. 腕挥　　B. 肘挥　　C. 臂挥

三、判断题（正确的打“√”，错误的打“×”）

1. 錾子的楔角越大，强度越高，因此錾子的楔角越大越好。（　　）

2. 錾子必须握得很紧，以减轻錾削时錾子对手的振动。 (　　)

3. 挥锤有三种方法，肘挥运用最广泛。 (　　)

四、简答题

1. 简述錾削的方法。

2. 简述錾削板料的步骤。

子课题 2　锯　　削

一、填空题（将正确答案填写在横线上）

1. 用手锯把材料（或工件）锯出________或进行________的机械加工方法称为锯削。

2. 手锯由________和________两部分组成。

3. 锯弓有__________和__________两种。

4. 锯条按锯齿齿距分为________、________和________三种。

5. 锯削时工件要牢固地夹持在台虎钳上，__________不应离钳口过远，以免锯削时颤动而______________。

6. 起锯时，锯条应按一定角度倾斜，倾斜的角度应__________，且锯弓往复行程要短，压力要轻，锯条与工件表面________。

7. 工件将要锯断时，速度要______，压力要______，行程要______，并尽量用手扶住工件，以免损坏工件或砸伤手、脚。

二、选择题（将正确答案的代号填入括号内）

1. 锯削铜、铝等软金属及厚工件时，应选用（　　）锯条。

A. 粗齿　　B. 中齿　　C. 细齿

2. 锯削硬钢、板料及薄壁管子等工件时，应选用（　　）锯条。

A. 粗齿　　B. 中齿　　C. 细齿

3. 锯削普通钢、铸铁及中厚度的工件时多用（　　）锯条。

A. 粗齿　　B. 中齿　　C. 细齿

三、简答题

1. 简述锯削薄板材的方法。

2. 简述管材的锯削方法。

3. 简述板料锯削的操作步骤与方法。

4. 简述板料锯削的注意事项。

子课题3　攻螺纹与套螺纹

一、填空题（将正确答案填写在横线上）

1. 用丝锥（螺丝攻）在孔壁上切削出内螺纹，称为__________。
2. 丝锥由____________和________两部分组成。
3. 标准丝锥切削刃的前角为____________，后角为____________。
4. 丝锥校准部分的螺纹牙型________，用以________和________已切出的螺纹，并且还是丝锥的备磨部分，其后角为______。

5. 丝锥有____________和__________两种，每种又分______和______两类，以加工不同的内螺纹。

6. 通常 M6～M24 的手用丝锥每套________，M6 以下和 M24 以上的丝锥每套______。细牙丝锥无论粗细，均为________一套。

7. 两支一套的丝锥，头锥斜角为______，切削部分不完整牙约占________个，可完成切削总工作量的________；二锥斜角为______，不完整牙约占______个，完成切削总工作量的________。

8. 三支一套的丝锥，头锥斜角为______，切削部分不完整牙为________个；二锥斜角为______，切削部分不完整牙为______个；三锥斜角为______左右，切削部分不完整牙为________个。三支丝锥的切削分配量为____________。

9. 攻螺纹铰杠是用于夹持__________的工具。铰杠有______________和______________两类，各类铰杠又可分为__________和______________两种。

10. 用板牙在圆杆、管子外径上切削出外螺纹，称为____________。

11. 圆板牙是加工外螺纹的刀具，是由碳素工具钢或高速钢制成的，并经热处理淬硬，由____________、____________和____________组成。

12. 圆板牙除了普通套螺纹用的一种外，还有__________板牙。

13. 圆板牙架是用以安装________，并带动板牙旋转进行套螺纹的工具。

二、选择题（将正确答案的代号填入括号内）

1. 利用三支一套的丝锥攻螺纹时，头锥的切削分配量应为（　　）。

A. 10%　　B. 30%　　C. 60%

2. 攻螺纹前底孔直径的确定，要根据金属材料的（　　）大小来考虑。

A. 硬度　　B. 塑性　　C. 韧性

3. 在低碳钢和铸铁件上攻出直径相同的内螺纹，钢件比铸铁件的底孔应（　　）。

A. 稍大　　B. 稍小　　C. 相等

4. 在低碳钢和铸铁圆杆上加工同样直径的外螺纹，钢件比铸铁件的圆杆直径应（　　）。

A. 稍大　　B. 稍小　　C. 相等

5. 在攻螺纹时，（　　）需要加注切削液。

A. 铸铁　　B. 钢件　　C. 塑料

三、判断题（正确的打“√”，错误的打“×”）

1. 冷作工主要使用手用丝锥。（　　）

2. 机用丝锥是装在机床上，以机械动力来攻螺纹，都是两支一套。（　　）

3. 套螺纹时，应按顺时针方向扳动圆板牙架，不能反转。（　　）

4. 攻螺纹与套螺纹时，丝锥或板牙的旋转速度很低，故不需加注切削液。（　　）

5. 铸铁件攻（套）螺纹时，不需要加注切削液。（　　）

6. 两支一套的丝锥，两锥完成的切削量各占 50%。（　　）

四、简答题

1．为什么要根据金属材料的塑性大小来考虑攻螺纹时底孔直径的大小？

2．简述攻螺纹的步骤与方法。

3．简述攻螺纹的注意事项。

五、计算题

1．根据以下情况确定攻螺纹前钻底孔的钻头直径。

（1）在钢料上攻 M18 的螺纹孔（螺距为 2 mm）。

（2）在铸铁上攻 M18 的螺纹孔。

（3）在钢料上攻 M12 ×1 的螺纹孔。

（4）在铸铁上攻 M12 ×1 的螺纹孔。

2．现需在钢料上套 M20（螺距为 2. 5 mm）的外螺纹，试确定套螺纹前圆杆的直径。

第六单元　复合作业（一）

课题一　框架梁制作

操作训练题（按题意将必要的内容填入表格内，并记录有关问题）

训练题名称	材质：Q235	外形尺寸/mm	质量：　　　kg
数量：1 件	工时定额：16 h	实际工时：　　　h	实际消耗材料：　　　kg

1．框架梁图样（见图 6－1）

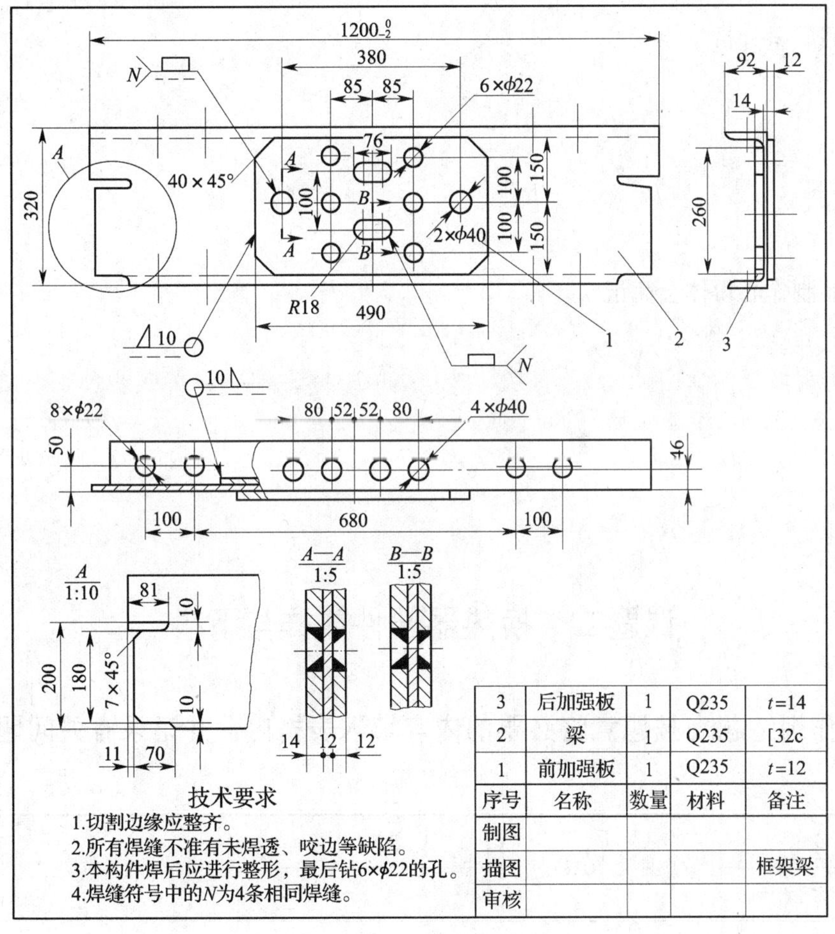

图 6－1　框架梁图样

2. 画出工序流程图

3. 安全及注意事项

4. 产品质量分析

5. 产品制作心得体会简记

课题二　换热器部件放样与下料

操作训练题（按题意将必要的内容填入表格内，并记录有关问题）

<table>
<tr><td>训练题名称</td><td rowspan="2">材质：Q235</td><td>外形尺寸/mm</td><td rowspan="2">质量：　　kg</td></tr>
<tr><td></td><td></td></tr>
<tr><td>数量：1 件</td><td>工时定额：40 h</td><td>实际工时：　　h</td><td>实际消耗材料：　　kg</td></tr>
</table>

1. 筒式旋风除尘器筒体图样（见图6－2）

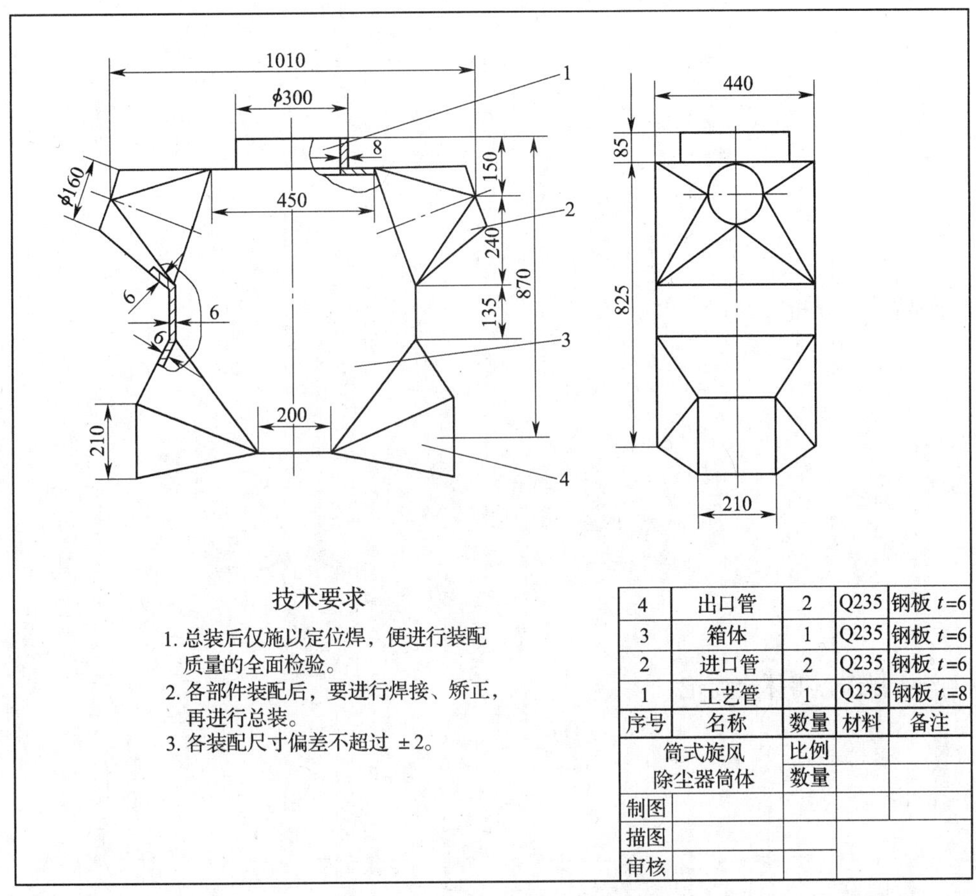

图6－2　筒式旋风除尘器筒体图样

2. 画出工序流程图

3．安全及注意事项

4．产品质量分析

5．产品制作心得体会简记

第七单元　弯形与压延

课题一　压　　弯

子课题1　板 料 折 弯

一、填空题（将正确答案填写在横线上）

1. 把平板毛坯、型材、管材等弯成一定的__________、__________，从而形成一定______的零件，这样的加工方法称为弯曲成形。

2. 在材料弯曲的初始阶段，弯矩的数值不大，材料内应力的数值尚小于材料的__________，仅使材料发生__________。

3. 在弯曲窄板材料（$B \leqslant 2t$）时，内层金属受到切向压缩后，便向宽度方向流动，使内层宽度______；而外层金属受到切向拉伸后，其长度方向的不足，便由宽度、厚度方向来补充，致使宽度______，因而整个横截面便产生________。

4. 无论宽板、窄板的弯形，在变形区内材料的厚度均有___________。

5. 弯形过程中材料的横截面变化过程，主要与_________________、______________及____________等因素有关。

6. 材料在___________的情况下，所能弯曲的_________，称为最小弯形半径。

7. 材料的塑性越好，其允许变形程度_______，则最小弯形半径_____。

8. 弯曲成形时，当弯曲线与纤维方向___________时，材料不易断裂，弯形半径可以__________。

9. 折弯机主要是用于将板料进行________弯曲成各种形状，一般是在上模做一次行程后，便可将板料压成一定的______________。

10. 折弯机有________传动和________传动两种形式。

11. 液压传动的折弯机是利用_________作为动力，利用________的压力推动油缸内的活塞运动，从而使模具产生运动。

12. 数控液压折弯机主要对滑块___________和_____________的移动进行数字控制，以实现按设定程序自动变换___________和_____________的定位位置，按顺序完成一个工件的多次弯折，从而提高__________和_______的质量。

二、选择题（将正确答案的代号填入括号内）

1. 钢材弯形过程中，发生了（　　）变形。

A. 弹性　　　　B. 塑性　　　　C. 弹性与塑性

2. 钢材弯形结束后，发生了（　　）变形。

A. 弹性　　B. 塑性　　C. 弹性与塑性

3. 板厚与板宽的关系为（　　），称为窄板弯形。

A. $B \leqslant 2t$　　B. $B \leqslant 3t$　　C. $B \leqslant 4t$

4. 材料弯曲时的相对弯形半径是指（　　）。

A. $r_{内}/t$　　B. $r_{中}/t$　　C. $r_{外}/t$

5. 当弯曲线方向与纤维方向垂直时，弯形半径可以（　　）。

A. 小一些　　B. 大一些　　C. 不变

6. 材料的塑性越差，其允许的弯形程度越小，最小弯形半径也（　　）。

A. 越小　　B. 越大　　C. 不变

三、判断题（正确的打"√"，错误的打"×"）

1. 中性层的外侧受拉伸长。（　　）
2. 窄板弯形时，内层金属由宽度向厚度方向流动。（　　）
3. 无论窄板、宽板，在变形区内材料的厚度均会变薄。（　　）
4. 剪断面质量较好时，可采取较大的弯形半径。（　　）
5. 材料的纤维方向与弯曲线方向平行时材料易断裂。（　　）
6. 若给折弯机配备相应的装备时，还可用于剪切和冲孔。（　　）
7. 折弯机有机械传动和液压传动两种形式，其中液压传动形式的折弯机应用最为广泛。（　　）
8. 零件的折弯成形是靠模具来完成的，模具分为上模和下模，上模和下模均为整体结构。（　　）

四、简答题

1. 简单说明钢材弯曲时的变形规律，并指出弯形会使钢材发生何种变化。

2. 什么是最小弯形半径？影响材料最小弯形半径的主要因素有哪些？

3. 解释 WC67Y—100/3200 液压板料折弯机的型号含义。

4. 简述板料折弯成形的操作步骤与方法以及该过程中的注意事项。

子课题2 料 斗 压 弯

一、填空题（将正确答案填写在横线上）

1. 在压力机床上使用________进行_______的加工方法，称为压弯。

2. 采用自由弯形，所需________小，工作时靠调整凹模_____________和凸模的_________来保证零件的形状，批量生产时弯形件_____不稳定。

3. 自由弯形多用于小批量生产中__________的压弯。

4. 采用接触弯形和校正弯形时，由模具保证_______精度，质量_______而且_______，但所需________较大，且模具制造周期长、费用高。

5. 无论采用何种弯形方法，其弯形力都必须能使被弯曲材料的________超过其_______。

6. 实际弯形力的大小，要根据材料的_________、__________和__________、_______形状等多方面因素来确定。

7. 为使材料能够在足够的________成形，必须计算其_________，作为选择压力机床________的重要依据。

8. 冷作工所用的压弯模，多数采用_________________，并且尽量少用或不用__________零件。

9. V形件弯形时，凸模、凹模的间隙是靠调整压床_______来控制的，不需要在_______时确定。

10. 弹复现象的存在，直接影响弯形件的_________，弯形加工中必须_________。

11. 接触弯形或校正弯形，主要靠_________解决弹复问题。

12. 在单角弯形时，将压模角度减少一个_________，以解决弹复问题。

13. 在U形件弯形时，将凸模壁做出等于________的倾斜度或将凸模和凹模底部做成__________。当弯曲弧较长时，则多采取__________________的办法。

14. 在弯形终了时进行加压校正，可使圆角材料接近________状态，从而________回弹。

15. 弯形前，通常采用________或利用______________来定位。防止弯形过程中毛坯料偏移，多采用______________。

16. 制作自由弯形压弯模时，一般不考虑________、________等问题，模具结构简单。

17. 在制作压弯模具时，还要考虑____________、__________、坯料在弯形过程中是否出现____________等问题。

二、选择题（将正确答案的代号填入括号内）

1. 自由弯形时，坯料与模具之间的接触是（　　）。
   A. 点接触　　B. 线接触　　C. 面接触
2. 校正弯形时，弯形件的圆角半径（　　）。
   A. 自然形成　　B. 等于凹模的圆角半径　　C. 等于凸模的圆角半径
3. 自由弯形比接触弯形所需的弯形力要（　　）。
   A. 小　　B. 大
4. U形件弯形时，凸模与凹模之间的间隙，应（　　）板料的厚度。
   A. 小于　　B. 大于　　C. 等于
5. 凹模的非工作圆角半径，应（　　）弯形件相应部分的外圆角半径。
   A. 小于　　B. 大于　　C. 等于
6. 材料的屈服点越低，弯形的弹复（　　）。
   A. 越小　　B. 越大
7. 材料的相对弯形半径越大，材料的弹复程度（　　）。
   A. 越小　　B. 越大
8. 在板厚一定的情况下，弯形力越大，弹复值（　　）。
   A. 越大　　B. 越小
9. 压弯时，U形件比V形件的弹复要（　　）。
   A. 大　　B. 小

三、判断题（正确的打“√”，错误的打“×”）

1. 自由弯形、接触弯形和校正弯形是在材料弯形时的塑性变形阶段依次发生的。（　　）
2. 接触弯形的圆角半径是自然形成的。（　　）
3. 自由弯形时，压弯模是保证成形质量的关键。（　　）
4. 接触弯形时，操作者的技术和经验是保证成形质量的关键。（　　）
5. 凹模非工件圆角半径小于弯形件相应部分的外圆角半径。（　　）
6. U形件弯曲时，凸模、凹模之间的间隙应等于弯形件板料的厚度。（　　）
7. 接触或校正弯形，主要靠模具解决弹复问题。（　　）

8. 制作自由弯形压模时，一般不考虑弹复、偏移等问题。 ( )

9. 在单角弯形时，是将压模角度增大一个弹复角来解决弹复问题的。 ( )

10. 采用加压校正法解决弹复时，主要是减小模具与板料之间的接触面积。 ( )

11. 由于毛坯材料沿凹模滑动所受的摩擦阻力不等，必然引起毛坯材料的左右偏移。 ( )

四、简答题

1. 压弯成形时，材料的成形有哪几种方式？它们各有哪些特点？哪种方式所需的弯形力最大？

2. 确定弯形力的基本原则是什么？

3. 为什么冷作工所用的压弯模多采用焊接结构？

4. 弯形件产生弹复的原因是什么？影响弯形弹复值大小的主要因素有哪些？

5. 采用接触弯形时，通常采用哪些措施解决弹复问题？自由弯形时的弹复应如何解决？

6. 简述V形板料压弯成形的步骤与方法。

子课题3 托辊支臂压弯

一、填空题（将正确答案填写在横线上）

1. 冷作工常用的压力机有____________、________以及一些______、______压力机等多种。

2. 曲柄压力机按工艺用途划分，可分为____________和____________两大类。

3. 通用压力机可用于____________、____________、____________、__________等多种冲压工艺。

4. 曲柄压力机按机身结构形式划分，可分为_______________、_______________和____________。

5. 曲柄压力机按运动滑块的数量划分，可分为__________、________和__________。

6. 液压机是利用液体作为介质传递动力，根据所用介质不同，可分为__________和__________两种。

7. 液压机是利用________________________________的原理，而获得巨大压力的。

8. 随着大批量、超大批量冲压生产的出现，______、______压力机得到了迅速的发展。

9. 选择压力机时，要同时满足所需________和压弯工件所需________范围两个要求。

10. 安装压弯模时，应尽量使模具________与压力机的压力中心________，上模、下模________，装夹要牢固。

11. 弯形件的直边长度，一般不得小于板厚的______，以保证足够的弯曲力矩。

12. 局部需要弯成折边的零件，为避免角上的弯裂，应预先____________，或将弯曲线__________________。

二、选择题（将正确答案的代号填入括号内）

1. 开式压力机的机身形状类似于英文字母（　　）。

A. C　　B. D　　C. E

2. 目前，公称压力（　　）kN 的大、中型压力机几乎都采用闭式机身结构。

A. 2 000　　B. 2 500　　C. 超过 2 500

3. 双动拉深压力机是具有（　　）的压力机。

A. 单滑块　　B. 双滑块　　C. 多滑块

4. 为了防止弯形件横截面畸变，板材弯形件宽度不得小于板厚的（　　）倍。

A. 1　　B. 2　　C. 3

5. 安装压弯模时，应尽量使（　　）与压力机的压力中心吻合。

A. 凸模的几何中心　　B. 凹模的压力中心　　C. 模具的压力中心

三、判断题（正确的打“√”，错误的打“×”）

1. 专用压力机的用途较为单一，它是针对某一特殊工艺开发的。（　　）
2. 开式压力机机身工作区域三面敞开，操作空间大，机身刚度好。（　　）
3. 闭式压力机的机身左右两侧封闭，刚度好，冲压精度高，操作方便。（　　）
4. 半闭式压力机机身结构积聚了开式压力机和闭式压力机的优点。（　　）
5. 目前单动压力机使用较少，双动压力机和三动压力机使用相对较多，主要用于拉深成形工艺。（　　）
6. 高速压力机必须配备各种自动送料装置才能达到高速的目的。（　　）
7. 选择压力机时，只要满足所需弯形力的要求即可。（　　）
8. 材料表面质量好的一面，应放在弯板内侧。（　　）

四、简答题

1. 压弯的一般工艺要求有哪些？

2. 简述托辊支臂压弯的操作步骤与方法。

课题二　滚　　弯

子课题1　滚 弯 柱 面

一、填空题（将正确答案填写在横线上）

1. 在滚床上进行弯曲成形的加工方式称为________。

2. 在滚弯过程中，板料弯曲变形的方式，相当于压弯时的______________。

3. 滚弯件的曲率取决于轴辊间的________、____________和力学性能。

4. 滚弯往往不能一次成形，而多次的冷滚压又会引起材料的__________。

5. 由于存在____________，滚弯件的曲率不能等于上轴辊的曲率。

6. 冷滚压成形的允许弯形半径 R 不能以板料的______________为界线，而应大一些。通常 $R=$ ________，当 $R<20t$ 时，则应进行________。

7. 滚弯成形方法的优点是__________，缺点是__________和____________。

8. 对称式三辊滚板机的主要缺点是弯曲件两端有较长的一段，位于弯曲变形区________，在滚弯后成为____________。

9. 不对称式三辊滚板机，其轴辊的布置是__________，上轴辊位于两下轴辊之上而向一侧________。

10. 四辊滚板机相当于在对称三辊滚板机的基础上，又增加了一个________。

11. 在滚板机上进行的滚弯加工，以板料滚制________为主。若采取适当的工艺措施或附加必要的装备，还可以滚制________和滚弯________。

12. 当采用对称式三辊滚板机滚弯时，通常采用__________和__________两种措施消除工件的直边段。

13. 板料放入滚床后，要找正位置。在三辊滚板机上可利用______________或轴辊上的__________找正，还可以用________或__________找正。

二、选择题（将正确答案的代号填入括号内）

1. 调整轴辊间的相对位置，可以将板料弯成（　　）上轴辊曲率的任意曲率。

A. 大于　　B. 等于　　C. 小于

2. 多次滚压会使材料发生冷作硬化，致使弯形件的（　　）严重恶化。

A. 化学部分　　B. 屈服强度　　C. 使用性能

3. 滚弯件的最小曲率半径（　　）上辊半径。

A. 等于　　B. 大于　　C. 小于

4. 滚弯时，板料弯曲变形方式相当于压弯时的（　　）弯形。

A. 自由　　B. 接触　　C. 校正

5. 板料表面两端预弯时，可利用一块已经弯成适当曲率的垫板，在三辊滚板机上对板料预弯，垫板厚度应大于工件板厚的（　　）倍。

A. 2　　B. 3　　C. 4

三、判断题（正确的打“√”，错误的打“×”）

1. 滚弯可使受压位置连续不断地发生变化，所以比压弯的成形质量好。（ ）
2. 滚弯只能对板料进行弯形。（ ）
3. 对称式三辊滚板机滚弯圆柱面时，工件两端不会出现直边段。（ ）
4. 滚制柱面时，无论上辊和下辊是否平行，只要板边平行下辊即可。（ ）
5. 在滚板机上滚制工件时，为取件方便，滚板机两端的轴承座都可做成可拆的。（ ）
6. 滚制圆筒后，若需要取下后装配，则将其弯曲曲率滚得稍大于设计要求。（ ）
7. 较大的工件应划分三个区域进行滚弯，其顺序应为先中间后两端。（ ）

四、简答题

1. 简述滚弯成形过程，并指出滚弯和压弯有何异同。

2. 滚板机的基本类型有哪些？各自特点是什么？

3. 简述对称式三辊滚板机的基本构造和传动原理。

4. 简述柱面的滚弯工艺方法。

5. 简述圆筒卷制的操作步骤与方法以及操作过程中的注意事项。

子课题2　滚 弯 锥 面

一、填空题（将正确答案填写在横线上）

1. 滚制锥面时，上轴辊倾斜角度的大小，由操作者根据滚弯件的________凭________初步调整，再经试滚压、测量，最后确定。

2. 滚制锥面时，为使上轴辊能始终接近压在锥面________上，应使锥面的大口和小口两端有不等的____________。

二、选择题（将正确答案的代号填入括号内）

1. 小口减速法滚制锥面，上轴辊成倾斜位置，又在（　　）一端加一减速装置。

A. 大口　　B. 小口　　C. 大口、小口

2. 在检查锥面工件的曲率时，对锥面的（　　）都要进行测量。

A. 小口　　B. 大口　　C. 大口、小口

三、简答题

1. 在滚板机上滚制锥面应采取哪些措施？

2. 简述分段滚制法、小口减速法的原理。

3. 简述圆锥筒的卷制操作步骤与方法以及操作过程中的注意事项。

课题三　手 工 弯 形

子课题 1　板材手工弯形

一、填空题（将正确答案填写在横线上）

1. 板材弯形若采用手工弯形方式，通常是指对________进行的加工。
2. 板材的手工弯形主要有两种形式，一种是________弯形，另一种是____________弯形。
3. 手工弯形圆弧形零件主要有两种情况，一种是弯形______________，另一种是弯形__________。

二、简答题

1. 板材手工弯形的特点有哪些？

2. 简述圆弧形零件手工弯形的操作方法。

3. 板材折角弯形及柱面弯形的注意事项是什么？

子课题2　型材手工弯形

一、填空题（将正确答案填写在横线上）

1. 把钢材加热到一定温度后进行弯曲成形的加工方法，称为____________。

2. 热弯曲成形加工常用的加热方法有两种，一是利用____________进行局部加热，二是利用__________进行加热。

3. 当钢材的强度、硬度较大，刚度较大，__________成形有困难或要求弯曲成形半径________时，才应用热弯曲成形工艺。

4. 一般钢材在加热至500 ℃以上时，屈服强度______，塑性显著________，________明显减小。

5. 加热弯形时，弯曲力______，弹复现象______，最小弯形半径____，有利于按加工要求控制成形。

6. 角钢外弯时，胎具直径应适当_______；角钢内弯时，胎具直径应适当_______。

二、选择题（将正确答案的代号填入括号内）

1. 在确定钢材的热弯形温度时，必须充分考虑（　　）对钢材的影响。
   A. 力学性能　　B. 使用性能　　C. 化学成分

2. 奥氏体不锈钢在（　　）℃加热会产生晶间腐蚀敏感性。
   A. 200～450　　B. 450～800　　C. 800～1 000

3. 采用热弯形可以________成本，________工时。（　　）
   A. 提高　减少　　B. 降低　增加　　C. 降低　减少

4. 当弯制角钢圈时，角钢弯曲胎具不可做成整圆，而要将胎具制成（　　）整圆。
   A. 1/2　　B. 1/3　　C. 2/3

三、判断题（正确的打“√”，错误的打“×”）

1. 钢材加热弯形时，最小弯形半径增大。（　　）

2. 加热弯形多用于常温下成形困难的弯形件加工。（　　）

3. 热弯曲成形需要在材料的再结晶温度之上进行。（　　）

4. 能否正确地设计弯曲胎模，是型材手工弯形技术的关键。（　　）

5. 型钢弯曲时，不但要承受弯曲力矩的作用，还要承受转矩的作用，从而使型钢断面产生畸变。角钢外弯时夹角缩小，角钢内弯时夹角增大。（　　）

6. 最小弯形半径是设计零件的重要依据，是防止型钢弯曲成形时产生废品的一项重要措施。（　　）

四、简答题

1．加热对钢材弯形有哪些影响？通常在哪种情况下采用热弯形？

2．型材手工弯形的特点是什么？

3．防止型钢弯曲成形产生废品的措施是什么？

4．简述外弯角钢圈的操作步骤与方法以及操作过程中的注意事项。

子课题 3　管材手工弯形

一、填空题（将正确答案填写在横线上）

1．管子在外力矩作用下弯形时，中性层外侧的材料受到拉应力，管壁______；内侧的材料受到压应力，管壁______。

2．在同一根管子上弯制几个弯头，而这几个弯头的弯形中心线都位于同一平面内，这种情况属于____________。

3．平面弯管的顺序是：先弯制________________的弯头，然后再依次弯制________的弯头。

4．如果几个弯头的弯形中心线不能位于同一平面内，这种情况属于________弯管。

二、简答题

1．管子在外力矩作用下弯形时为什么容易发生压扁变形？

2．防止管子截面变形的措施有哪些？

3．管子弯形时需要做哪些准备工作？

4．简述管子弯形的操作步骤与方法以及操作过程中的注意事项。

课题四　容器封头的压延

一、填空题（将正确答案填写在横线上）

1. 压延也称为______或拉延，是利用模具使一定形状的________变成开口的________的冲压工艺方法。

2. 防止压延起皱的有效方法是采用____________。

3. 压延时，合理选择凸模、凹模间隙和工作圆角半径，可使板料__________现象得以改善。

4. 压延时，____________处板料厚度减薄最为严重，是发生拉裂________。

5. 虽然在压延中毛坯的厚度发生一些变化，但在计算毛坯尺寸时，可以不计毛坯________的变化，大概地按压延前后____________的原则进行计算。

6. 椭圆形封头属于复杂曲面形状的压延件，其毛坯直径通常用________或________确定。

7. 压延力的计算与压延件的________、________和____________有关。

8. 压延中，为防止材料起皱而采用压边圈时，压边力必须适中。压边力太小起不到________作用，压边力太大又易引起材料____________。

二、选择题（将正确答案的代号填入括号内）

1. 在压延圆筒形件时，坯料环形部分的变形（　　）零件的高度。

A. 增加了　　　B. 降低了　　　C. 等于

2. 压延模的工作部分具有一定的圆角，并且凸模、凹模间隙（　　）板料的厚度。

A. 等于　　　B. 稍大于　　　C. 稍小于

3. 压延中的大塑性变形还可能引起材料的加工硬化，使进一步压延（　　）。

A. 变得容易　　　B. 变得困难　　　C. 不受影响

4. 在压延中，应根据材料的（　　）合理选定每次压延材料的变形程度。

A. 强度　　　B. 韧性　　　C. 塑性

5. 变形较大的压延件应采用多次压延的方式，并采取中间（　　）的措施，以消除材料的加工硬化，完成压延工作。

A. 淬火　　　B. 正火　　　C. 退火

三、判断题（正确的打“√”，错误的打“×”）

1. 压延过程中，板料毛坯中间直径为 d 的部分变成零件的底部，基本不发生变形。（　　）

2. 在压延圆筒形件时，底部圆角处的厚度增大。（　　）

3. 计算压延件坯料直径时，等面积法是近似的。（　　）

4. 计算压延力的目的是正确地选择压延设备。（　　）

四、简答题

1．以圆筒形压延件为例，简述压延成形的过程。

2．板料压延时其厚度将发生什么变化？哪个部位变薄量最大？

3．压边圈在压延中起哪些作用？在什么情况下可不用压边圈？

4．怎样确定圆筒形压延件的坯料尺寸？

5．怎样确定椭圆形封头的坯料尺寸？

课题五　水火弯板与其他成形加工

一、填空题（将正确答案填写在横线上）

1. 水火弯板就是利用板材被＿＿＿＿＿、＿＿＿＿所产生的＿＿＿＿与＿＿＿＿达到弯曲成形的目的。

2. 水火弯板适用于＿＿＿＿＿＿＿的零件成形。

3. 水火弯板一般采用＿＿＿＿，加热线的长度要依据＿＿＿＿和＿＿＿＿而定。曲率越大，加热线应＿＿＿＿。

4. 水火弯板的冷却方式有＿＿＿＿和＿＿＿＿两种。水冷又有＿＿＿＿、＿＿＿＿水冷之分。

5. 爆炸成形可以对板料进行多种＿＿＿＿加工，此外还可以进行爆炸＿＿＿＿。

6. 爆炸成形工艺常用来制造形状＿＿＿＿或＿＿＿＿＿的小批量零件。

二、选择题（将正确答案的代号填入括号内）

1. 用火焰局部加热材料时，被加热处金属的膨胀受到周围较冷金属的限制而产生（　　）应力。

A. 拉伸　　B. 压缩　　C. 内

2. 水火弯板适用于（　　）的零件成形。

A. 曲率较小　　B. 曲率较大　　C. 曲率适中

3. 加热速度的快慢直接影响角变形的大小。加热速度越快，角变形就（　　）。

A. 越大　　B. 越小　　C. 不一定

4. 加热速度主要靠操作者凭经验控制，一般为（　　）m/min。

A. 0.1～0.3　　B. 0.3～1.2　　C. 0.8～1.0

5. 水火弯板加热火焰一般应为（　　）。

A. 碳化焰　　B. 氧化焰　　C. 中性焰

6. 水火弯板成形质量好，板面光滑、平整，无锤痕，板厚（　　）。

A. 绝对不减薄　　B. 基本不减薄　　C. 减薄

三、判断题（正确的打“√”，错误的打“×”）

1. 水火弯板不能与滚弯相结合。（　　）

2. 水火弯板的加热位置和方向随成形工件的形状而定。（　　）

四、简答题

1. 水火弯板的主要工艺要素有哪些？它们对水火弯板工艺过程的影响是什么？

2．水火弯板具有哪些优点？

3．简述帆形板成形的操作步骤与方法。

4．简述爆炸成形的基本原理。

5．简述爆炸成形的主要特点。

6．简述电水成形与电爆成形的基本原理。

7．电水成形与电爆成形各有哪些特点？

第八单元　装　　配

课题一　装配基础训练

子课题 1　装配定位与夹紧

一、填空题（将正确答案填写在横线上）

1. 在金属结构制造过程中，将组成结构的各个零件按照__________、__________和__________组合起来的工序，称为装配。

2. 进行金属结构的装配，必须具备__________、__________和__________三个基本条件。

3. 定位是指确定零件在______的位置或______的相对位置。

4. 夹紧是指借助外力使零件__________，并将定位后的零件______。

5. 测量是指在装配过程中，对零件间的__________和__________进行一系列的技术测量，从而衡量__________和______的效果，以指导装配工作。

6. 合理的选择装配定位基准，对保证__________，安排零件、部件__________和提高__________，都有重要的影响。

7. 选择定位基准时应尽可能选用__________作定位基准，这样可以避免因__________与__________不重合，而引起较大的________。

二、选择题（将正确答案的代号填入括号内）

1. 任何空间的刚体未被定位时，都具有（　　）个自由度。
   A. 2　　　　B. 3　　　　C. 6
2. 钢结构装配时，主要定位基准应选择在零件上的（　　）。
   A. 最长表面　　　　B. 最短表面　　　　C. 最大表面
3. 当装配工件上有若干个平面时，应选择（　　）的平面作为装配基准面。
   A. 适当　　　　B. 较大　　　　C. 较小

三、判断题（正确的打“√”，错误的打“×”）

1. 定位的目的就是对进行装配的零件在所需的位置上固定而让其不能自由运动。（　　）
2. 六点定位规则适用于任何形状零件的定位。（　　）
3. 当金属结构工件的外形有平面也有曲面时，应以曲面作为装配基准面。（　　）
4. 当装配工件上有若干个平面时，应选择较小的平面作为装配基准面。（　　）
5. 定位基准与设计基准不重合，易引起较大的定位误差。（　　）

四、简答题

1. 金属结构装配的含义是什么？进行金属结构装配应具备哪些条件？

2. 简述装配三个基本条件间的辩证关系。

3. 什么是六点定位规则？

4. 什么是定位基准？

5. 金属结构装配的定位基准应如何选择？

子课题 2　装 配 测 量

一、填空题（将正确答案填写在横线上）

1. 装配中的测量技术包括正确、合理地选择____________，准确、迅速地完成零件定位所需要的____________________。

2. 装配中较常用的测量项目有_________、_________、_________、_________及________等。

3. 在钢结构装配中，若___________、___________、_________三者合一，可以有效地减小装配误差。

4. 线性尺寸测量，主要是利用各种_______________来完成。有时，也用画有标志的________进行线性尺寸的测量。

5. 构件的某些线性尺寸，有时因受构件_______等因素的影响，而不能直接用尺测量，需要借助一些其他_________来达到测量的目的。

6. 平行度是指工件上被测的___________，相对于测量基准_______的平行度。

7. 水平度就是衡量零件上被测的线（或面），是否处于___________。

8. 冷作工装配中常用_______、___________、_______、_______等量具或仪器来测量零件的水平度。

9. 垂直度是指零件上被测的_____________，相对于测量基准线（或面）的_______________。

10. 测量垂直度通常是利用_____________直接测量。

11. 铅垂度是衡量零件上被测的线（或面）是否与________垂直的一个测量项目，常作为构件安装的___________。

12. 常用测量铅垂度的工具和仪器有_________和___________。

13. 同轴度是指构件上具有同一轴线的几个零件，装配时其轴线的_________。

14. 装配中，通常是利用各种___________测量零件间的角度。

15. 在装配测量中，还应注意保护量具_______，并经常检验其_____是否符合要求。

二、选择题（将正确答案的代号填入括号内）

1. 一般情况下，测量中多以（　　）作为测量基准。

A. 设计基准　　B. 定位基准　　C. 装配基准

2. 用水平尺测量构件的水平度时，气泡总是偏向一侧，则说明气泡偏向的一侧（　　）。

A. 高　　B. 低　　C. 平

3. 线性尺寸是指零件上被测的点、线、面与（　　）之间的距离。

A. 设计基准　　B. 定位基准　　C. 测量基准

4. 使用软管水平仪时，对液体的要求是（　　）。

A. 有颜色　　B. 防冻　　C. 机油

5. 水准仪不能测量（　　）。

A. 高度　　B. 水平度　　C. 垂直度

三、判断题（正确的打“√”，错误的打“×”）

1. 必须经常对装配用量具进行检测，保证其精度符合要求。（　　）

2. 测量两个零件间的平行度，都可以用直接测量法来完成。（　　）

3. 用直角尺测量相对垂直度是绝对适用的。 ( )

4. 装配中的测量，除测量方法外，测量量具精确、可靠也是保证测量结果准确的重要因素。 ( )

5. 线性尺寸就是直线的长度。 ( )

四、简答题

1. 什么是测量基准？

2. 当以定位基准作为测量基准不是最优时，应该怎么办？

3. 采用间接测量法测量线性尺寸时应注意哪些问题？

4. 如何测量两个零件之间的平行度？

5. 用软管水平仪进行测量时应注意哪些问题？

课题二　桁架结构装配

子课题 1　简单桁架的装配

一、填空题（将正确答案填写在横线上）

1. 装配前的准备工作是＿＿＿＿＿＿＿的重要组成部分。充分、细致的准备工作是＿＿＿＿＿、＿＿＿＿＿＿完成装配工作的有力保证。

2. ＿＿＿＿＿＿＿和＿＿＿＿＿＿＿是整个装配工作的主要依据。

3. 装配工作场地应尽量选择在＿＿＿＿＿＿＿的工作区间内，而且场地应平整、清洁、便于安置＿＿＿＿＿＿＿＿＿或＿＿＿＿＿＿＿。

4. 装配前还要根据不同结构的具体情况，准备或制作一些专用的＿＿＿、＿＿＿＿和＿＿＿＿＿。

5. 装配夹具是指在装配中，用来对零件施加＿＿＿，使其获得＿＿＿＿＿的工艺装备。

6. 装配夹具对零件、部件的紧固方式有＿＿＿＿＿＿、＿＿＿＿＿＿、＿＿＿＿＿＿、＿＿＿＿＿四种。

7. 装配夹具按其夹紧力的来源，可分为＿＿＿＿和＿＿＿＿＿＿两大类。

8. 手动夹具包括＿＿＿＿、＿＿＿＿＿、＿＿＿＿、＿＿＿＿＿等。

9. 螺旋夹具是通过丝杠与螺母间的＿＿＿＿，传递外力以紧固零件的，它具有＿＿、＿＿＿、＿＿＿、＿＿＿、承等多种功能。

10. 楔条夹具是利用楔条的＿＿＿＿将外力转变为＿＿＿＿，从而达到夹紧零件的目的。

11. 为保证楔条夹具在使用中能自锁，楔条的楔角应小于其＿＿＿＿＿。

12. 杠杆夹具是利用杠杆的＿＿＿＿作用夹持或压紧零件的。

13. 偏心夹具是利用一种＿＿＿＿与＿＿＿＿不重合的偏心零件来夹紧零件的。

14. 偏心夹具根据工作表面外形不同，可分为＿＿＿＿＿和＿＿＿＿＿两种。

15. 偏心夹具的优点是＿＿＿＿，缺点是＿＿＿＿，只能用于＿＿＿或＿＿＿的场合。

16. 气动夹具是利用＿＿＿＿＿的压力，通过机械运动施加＿＿＿＿＿的夹紧装置，结构主要由＿＿＿＿和＿＿＿＿两部分组成。

17. 气动夹具的工作方式有＿＿＿＿＿＿＿和＿＿＿＿＿＿＿＿两种。

18. 在薄板结构的装配中，广泛采用气动、液压联合夹具，这种夹具的特点是，把气动灵敏、反应迅速等优点用于＿＿＿＿＿＿，把液压工作平稳、能产生较大的动力等优点用于＿＿＿＿＿＿。

19. 磁力夹具主要靠磁力吸紧工件，分为＿＿＿＿和＿＿＿＿＿两种类型，应用较多的是＿＿＿＿磁力夹具。

20. 装配中常用的吊具有＿＿＿＿、＿＿＿＿、＿＿＿＿、＿＿＿＿、＿＿＿＿等。

21. 吊链的特点是＿＿＿＿、＿＿＿＿，多用于起吊坯料或＿＿＿＿的重物。使用吊链时，应定期检查链环的＿＿＿＿＿＿＿。

22．千斤顶按其结构和工作原理不同，可分为＿＿＿＿＿＿、＿＿＿＿＿＿、＿＿＿＿＿等多种结构形式。

23．装配中选择千斤顶要注意其＿＿＿＿＿＿＿＿、＿＿＿＿＿＿＿＿、＿＿＿＿＿＿＿＿，并与装配要求相适应，尤其要注意不能＿＿＿＿＿＿＿＿。

24．千斤顶使用时，应与＿＿＿＿＿＿＿＿垂直，不能歪斜，以免滑脱；在松软的地面使用千斤顶时，应在下面＿＿＿＿＿＿＿＿，以免受力后＿＿＿＿＿或＿＿＿＿＿。

25．在施工场所没有＿＿＿＿＿＿＿＿时，常用手拉葫芦起吊构件。

26．产品装配前，对于从上道工序转来或零件库中领取的零件、部件及装配中所使用的辅助材料，都要进行＿＿＿＿＿和＿＿＿＿＿＿，以便于装配工作的顺利进行。

27．在装配工作中，大部分属于多工种联合作业，涉及＿＿＿＿＿＿的因素很多。

二、选择题（将正确答案的代号填入括号内）

1．为保证楔条夹具在使用中能自锁，楔条的楔角一般采用（　　）。

A．5°～10°　　B．10°～15°　　C．15°～20°

2．非手动夹具包括气动夹具、液压夹具、（　　）等。

A．楔条夹具　　B．偏心夹具　　C．磁力夹具

3．磁力夹具操作方便，对工件表面质量（　　）。

A．无影响　　B．有些影响　　C．影响很大

三、判断题（正确的打“√”，错误的打“×”）

1．用楔条夹具夹紧工件时，楔条易擦伤工件表面的情况是不可避免的。（　　）

2．杠杆夹具制作简单，使用方便，通用性强，故常被应用。（　　）

3．自锁是保证偏心夹具能正常使用的必要条件。（　　）

4．液压夹具的优点是：夹紧可靠，工作平稳，维修方便。（　　）

5．磁力夹具操作方便，而且夹紧力很大。（　　）

6．用吊链代替钢丝绳吊运重物，主要是考虑吊链的强度高于钢丝绳的强度。（　　）

7．使用吊链时应定期检查链环的磨损程度。（　　）

8．用横吊梁吊运各种型钢，可以避免或减小因吊运而引起的变形。（　　）

9．为保证安全，当千斤顶顶起重物时，重物下面要随时塞入临时支承物。（　　）

四、简答题

1．简述液压夹具的优点和缺点。

2. 简述钢丝绳的优点和缺点。

3. 熟悉图样和工艺规程的目的是什么？

4. 零件、部件预检的主要内容有哪些？

5. 简述简单桁架的装配步骤与方法。

子课题2　屋架的装配

一、填空题（将正确答案填写在横线上）

1. 根据零件的具体情况，灵活地运用六点定位规则来确定适宜的________，以完成工件上各零件的定位，是装配工作的一项______________。

2. 装配时常用的定位方法有______________、______________、______________三种。

3. 划线定位是利用在工件表面、装配平台、胎架上划出工件的________、________、__________等作为定位线，来确定零件间的相互位置。

4. 地样装配法是____________的一种典型应用形式。

5. 样板定位是指根据______________，制作相应的样板作为空间____________来确定________的相对位置。

二、选择题（将正确答案的代号填入括号内）

1. 地样装配法主要适用于（　　）装配。

A. 桁架或板架　　B. 桁架或框架　　C. 框架或容器

2. 对于（　　）的结构，可采用仿形复制法进行装配定位。

A. 桁架　　B. 板架　　C. 断面形状对称

三、简答题

1. 简述屋架的装配步骤与方法。

2. 简述屋架装配的注意事项。

课题三　板架结构装配

子课题 1　悬架的装配

一、填空题（将正确答案填写在横线上）

1. 金属结构产品是一个独立而完整的总体，由数量不等的__________和__________构成。

2. ________是组成产品的基本件，由若干________组成一个可独立装配的、相对完整的结构称为______。

3. 对于大型、复杂的金属结构产品，通常是将总体分成若干个_______，将各________装配或焊接后，再进行________。

4. 大型金属构件的设计图样中已表明了____________的形式，只有在设计未规定的情况下，冷作工可以根据____________和__________，考虑部件划分问题。

二、简答题

1．对于大型、复杂的金属结构产品，通常要划分部件，这样做有哪些好处？

2．划分部件时应考虑哪些问题？

3．简述板架类构件的装配工艺。

4．简述悬架的操作步骤。

5．悬架工艺分析的内容有哪些？

6. 悬架是怎样进行部件划分的？

7. 悬架装配的注意事项有哪些？

子课题 2　支架的装配

一、填空题（将正确答案填写在横线上）

1. 金属结构件的装配方式，按装配时结构位置划分，主要有______、______和______，______和______又称立装。

2. 正装是指工件在装配中所处的位置与其______的位置相同。

3. 倒装是指工件在装配中所处的位置与其______的位置相反。

4. 卧装是指将工件按其使用位置______，使它的______与工作台相接触而进行装配。

二、选择题（将正确答案的代号填入括号内）

1. 对于顶部大、底部小的工件，在选择装配方式时，一般采用（　　）。

A. 正装　　B. 倒装　　C. 卧装

2. 对于细高的工件，在选择装配方式时，一般采用（　　）。

A. 正装　　B. 倒装　　C. 卧装

三、判断题（正确的打"√"，错误的打"×"）

1. 选择装配方式时，应使工件在装配中较容易地获得稳定的支承。（　　）

2. 所选的装配方式应有利于装配工件上各零件的定位、夹紧。（　　）

3. 选择装配方式时，应有利于装配中的焊接和其他连接。（　　）

4. 选择装配方式时，应与装配场地的大小、起重机械的能力等工作条件相适应。（　　）

5. 圆筒对接时，一定要采用卧装。（　　）

四、简答题

1. 选择装配方式时应考虑哪些问题?

2. 简述支架的装配步骤与方法。

子课题 3　工字梁的装配

一、填空题（将正确答案填写在横线上）

1. 定位元件定位是用一些特定的__________构成空间______或______，来确定零件的位置。

2. 装配时一个零件的________、________和________，往往是交替进行并互相影响的。

3. 熟练地掌握测量技术和灵活地确定夹紧方法，是准确而迅速地进行零件________的重要保证。

二、简答题

1. 简述工字梁的装配步骤。

2. 对工字梁的装配应做哪些工艺分析?

3. 工字梁装配的注意事项有哪些?

课题四 容器结构装配

子课题1 两圆筒正交组合件的装配

一、填空题（将正确答案填写在横线上）

1. 在金属结构件的装配中，零件的夹紧主要是通过各种__________实现的。

2. 为获得较好的夹紧效果和装配质量，进行零件夹紧时，必须对所用夹具的________、________、______________及___________等做出正确、合理的选择。

二、简答题

1. 简述两圆筒正交组合件的装配步骤。

2. 对两圆筒正交组合件的装配应进行哪些工艺分析?

3. 对接圆筒纵缝时，若滚制成的圆筒存在板边搭头的缺陷应如何处理?

4．对接圆筒纵缝时，若滚制成的圆筒存在间隙过大的缺陷应如何处理？

5．对接圆筒纵缝时，若滚制成的圆筒存在两板边高低不平的缺陷应如何处理？

6．两圆筒正交组合件的装配质量检验项目有哪些？

7．两圆筒正交组合件的装配注意事项有哪些？

子课题 2　炉门冷却壁的装配

简答题

1．简述容器类构件的装配工艺。

2．简述炉门冷却壁的装配步骤。

子课题3 立式气包的装配

简答题

1．装配胎架应符合哪些要求？

2．简述气包的装配步骤。

3．对气包的装配应进行哪些工艺分析？

4．气包装配时是怎样划分部件的？

5. 怎样装配气包部件 A、B、C？

6. 怎样进行气包的总装配？

7. 气包装配质量检验的内容有哪些？

第九单元　复合作业（二）

课题一　离心式通风机机壳制作

操作训练题（按题意将必要的内容填入表格内，并记录有关问题）

训练题名称	材质：Q235	外形尺寸/mm	质量：　　kg
数量：1 件	工时定额：60 h	实际工时：　　h	实际消耗材料：　　kg

1. 离心式通风机机壳图样（见图 9－1）

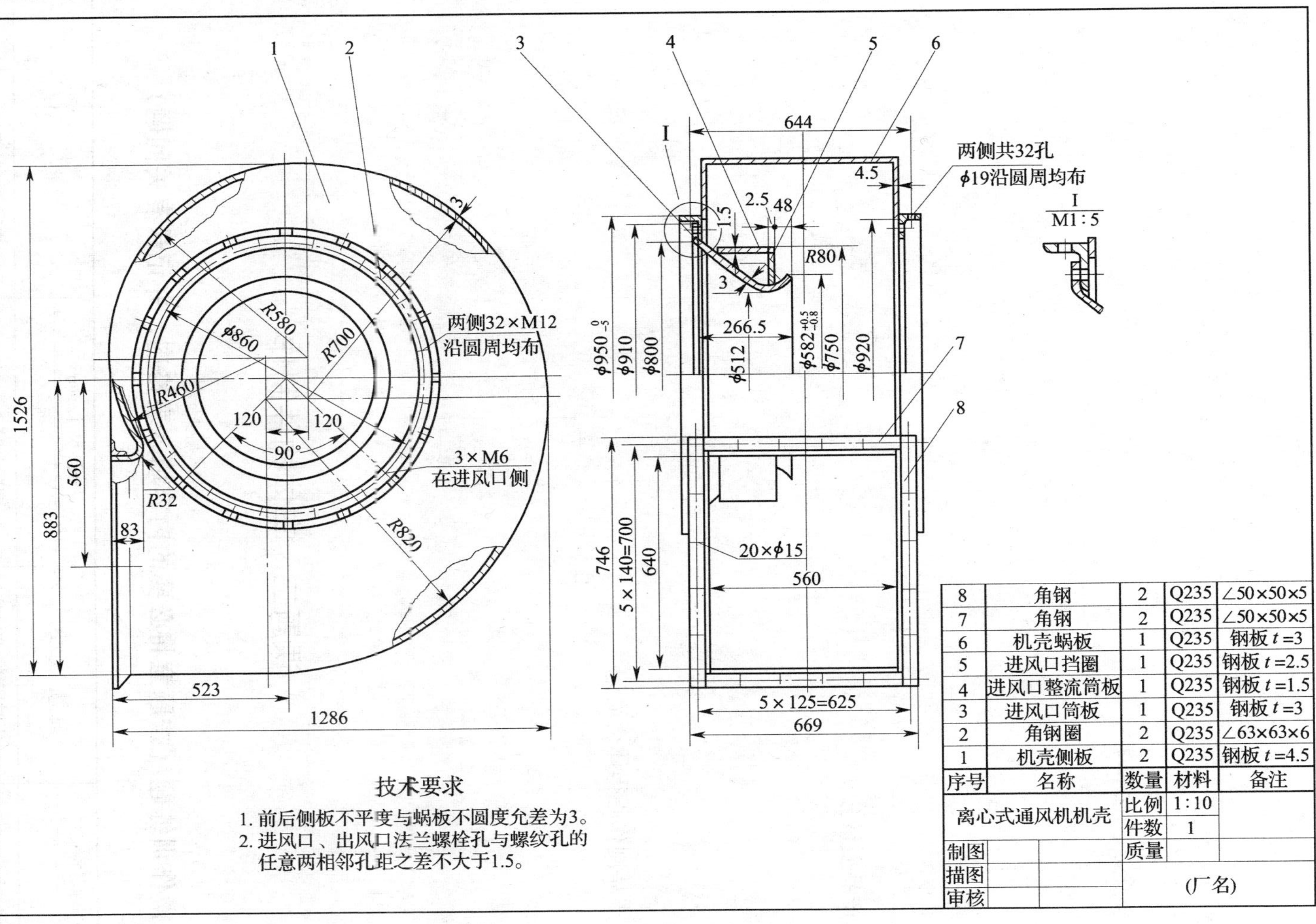

序号	名称	数量	材料	备注
8	角钢	2	Q235	∠50×50×5
7	角钢	2	Q235	∠50×50×5
6	机壳蜗板	1	Q235	钢板 $t=3$
5	进风口挡圈	1	Q235	钢板 $t=2.5$
4	进风口整流筒板	1	Q235	钢板 $t=1.5$
3	进风口筒板	1	Q235	钢板 $t=3$
2	角钢圈	2	Q235	∠63×63×6
1	机壳侧板	2	Q235	钢板 $t=4.5$

离心式通风机机壳		比例	1:10	
		件数	1	
制图		质量		
描图		(厂名)		
审核				

图 9-1 离心式通风机机壳图样

2．画出工序流程图

3．安全及注意事项

4．产品质量分析

5．产品制作心得体会简记

课题二　车体构件制作

操作训练题（按题意将必要的内容填入表格内，并记录有关问题）

训练题名称	材质：Q235	外形尺寸/mm	质量：　　kg
数量：1 件	工时定额：30 h	实际工时：　　h	实际消耗材料：　　kg

1．车体构件图样（见图 9－2）

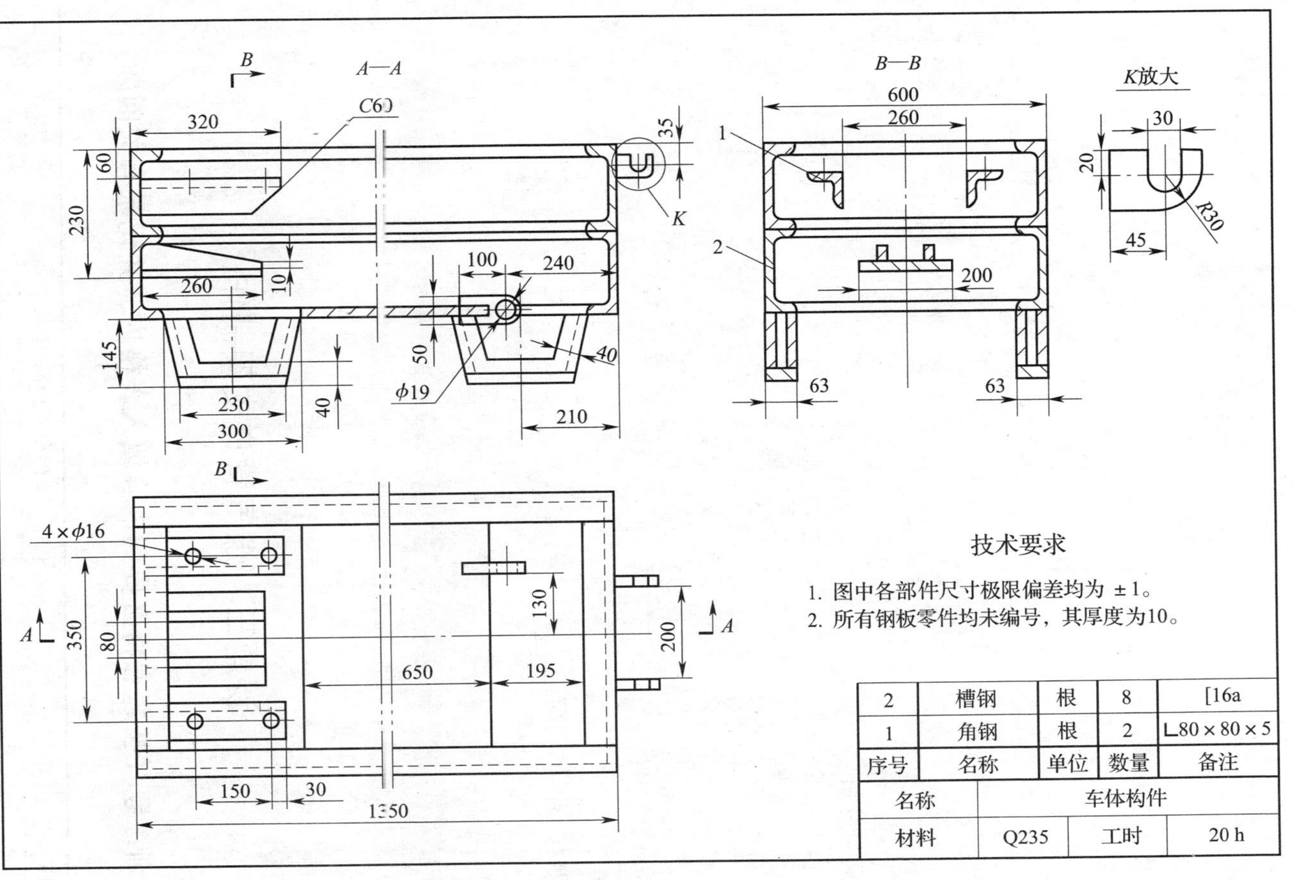

2	槽钢	根	8	[16a
1	角钢	根	2	∟80×80×5
序号	名称	单位	数量	备注
名称	车体构件			
材料	Q235	工时	20 h	

图 9－2　车体构件图样

2. 画出工序流程图

3. 安全及注意事项

4. 产品质量分析

5. 产品制作心得体会简记

课题三　煤气管道支架制作

操作训练题（按题意将必要的内容填入表格内，并记录有关问题）

训练题名称	材质：Q235	外形尺寸/mm	质量：　　kg
数量：1 件	工时定额：40 h	实际工时：　　h	实际消耗材料：　　kg

1. 煤气管道支架图样（见图 9－3）

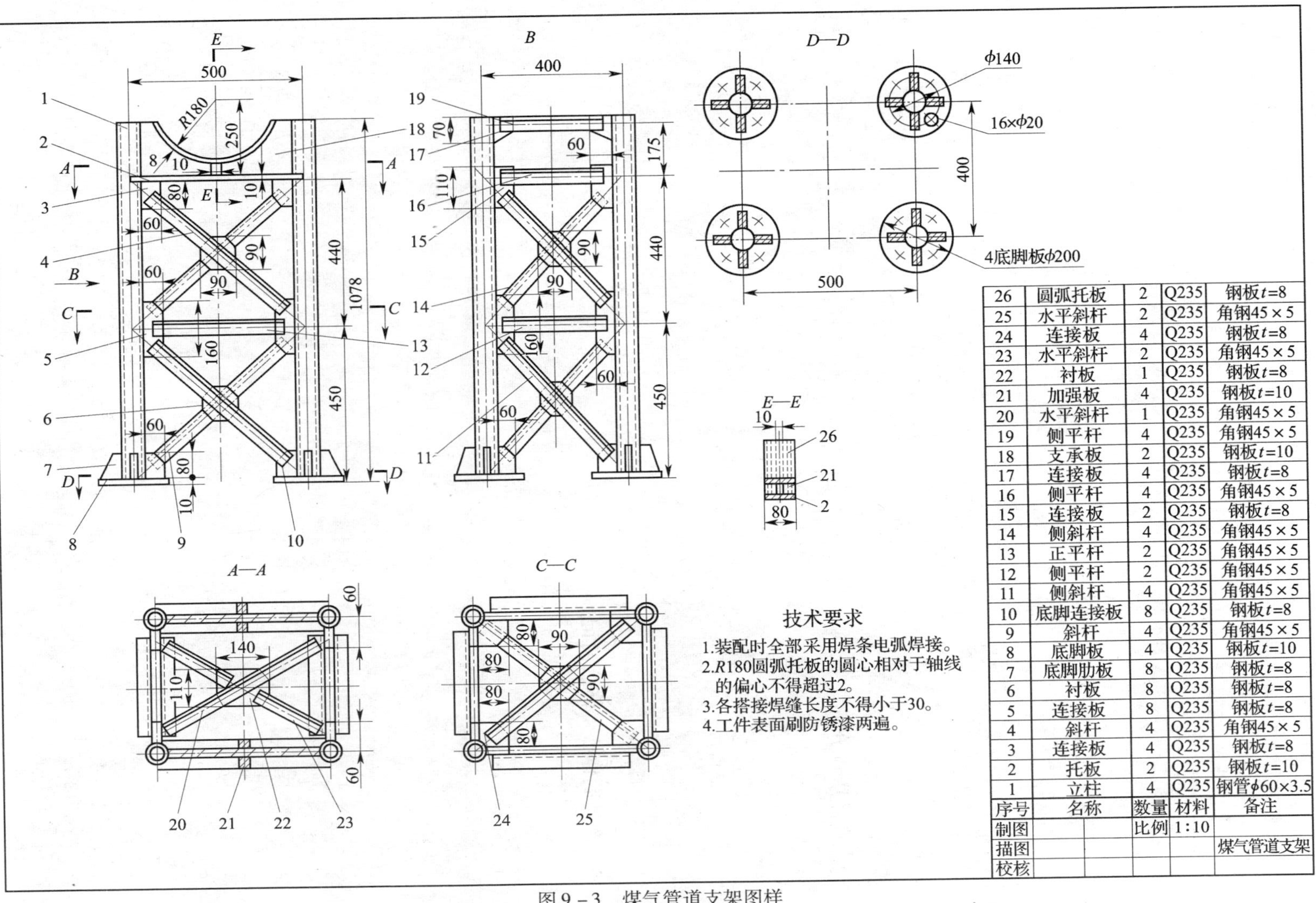

序号	名称	数量	材料	备注
26	圆弧托板	2	Q235	钢板t=8
25	水平斜杆	2	Q235	角钢45×5
24	连接板	4	Q235	钢板t=8
23	水平斜杆	2	Q235	角钢45×5
22	衬板	1	Q235	钢板t=8
21	加强板	4	Q235	钢板t=10
20	水平斜杆	1	Q235	角钢45×5
19	侧平杆	4	Q235	角钢45×5
18	支承板	2	Q235	钢板t=10
17	连接板	4	Q235	钢板t=8
16	侧平杆	4	Q235	角钢45×5
15	连接板	2	Q235	钢板t=8
14	侧斜杆	4	Q235	角钢45×5
13	正平杆	2	Q235	角钢45×5
12	侧平杆	2	Q235	角钢45×5
11	侧斜杆	4	Q235	角钢45×5
10	底脚连接板	8	Q235	钢板t=8
9	斜杆	4	Q235	角钢45×5
8	底脚板	4	Q235	钢板t=10
7	底脚肋板	8	Q235	钢板t=8
6	衬板	8	Q235	钢板t=8
5	连接板	8	Q235	钢板t=8
4	斜杆	4	Q235	角钢45×5
3	连接板	4	Q235	钢板t=8
2	托板	2	Q235	钢板t=10
1	立柱	4	Q235	钢管ϕ60×3.5
制图		比例	1:10	
描图				煤气管道支架
校核				

图9－3　煤气管道支架图样

2. 画出工序流程图

3. 安全及注意事项

4. 产品质量分析

5. 产品制作心得体会简记

第十单元　连　　接

课题一　铆接与胀接

子课题1　铆　　接

一、填空题（将正确答案填写在横线上）

1. 金属结构件的连接方法通常有＿＿＿＿＿、＿＿＿＿＿、＿＿＿＿＿和＿＿＿＿＿四种。

2. 对于承受严重＿＿＿＿或＿＿＿＿载荷构件的连接，铆接仍被经常采用。

3. 根据构件的工作性能和应用范围的不同，铆接可分为＿＿＿＿＿＿、＿＿＿＿＿＿、＿＿＿＿＿＿。

4. 根据被连接件的相互位置不同，铆接有＿＿＿＿＿＿、＿＿＿＿＿＿和＿＿＿＿＿＿三种形式。

5. 铆钉排列的主要参数是指＿＿＿＿、＿＿＿和＿＿＿。

6. 铆钉可分为＿＿＿＿和＿＿＿＿两类。

7. 实心铆钉按钉头形状分有＿＿＿＿＿＿＿、＿＿＿＿＿＿＿、＿＿＿＿＿＿＿、＿＿＿＿＿＿、＿＿＿＿＿＿等多种形式。

8. 在铆接过程中，由于铆钉需承受较大的＿＿＿变形，要求铆钉材料必须具有良好的＿＿＿＿。

9. 冷铆要求铆钉有良好的＿＿＿。用铆接机冷铆时，铆钉直径最大不得超过＿＿＿＿。用铆钉枪冷铆时，铆钉直径一般限制在＿＿＿＿以下。

10. 热铆时穿钉动作要＿＿＿＿、＿＿＿＿，力求铆钉在＿＿＿＿下铆接。

11. 为了保证铆接质量，压缩空气的压力不应低于＿＿＿＿＿。

12. 用铆钉枪铆接时，铆钉需加热到＿＿＿＿＿。铆钉的终铆温度应在＿＿＿＿＿之间。

13. 在扔钉与接钉训练时，接钉者不应面向＿＿＿＿站立，以免＿＿＿＿而不利于观察飞落的铆钉。

二、选择题（将正确答案的代号填入括号内）

1. 薄板、有色金属的铆接常用（　　）铆钉。

A. 平头　　B. 平锥头　　C. 半圆头

2. 铆钉直径是根据结构强度要求由板厚确定的。单排与双排搭接，取（　　）。

A. $d \approx (1.5 \sim 1.75)t$　　B. $d \approx 2t$　　C. $d \approx 3t$

3. 钢板与型钢铆接，构件的厚度应该取（　　）。

A. 钢板厚度　　B. 型材厚度　　C. 两者平均厚度

4. 铆接时，被连接件的总厚度不应超过铆钉直径的（　　）倍。

A. 1　　B. 3　　C. 5

5. 手工冷铆时，铆钉直径通常应小于（　　）mm。

A. 6　　B. 8　　C. 12

6. 根据国家标准，常用的钢铆钉材料有（　　）。

A. 45 钢　　B. 5B05　　C. Q235

7. 既要具有足够的强度，又要求接缝有良好严密性的铆接是（　　）铆接。

A. 强固　　B. 密固　　C. 紧密

8. 铆钉的终铆温度应在 450～600 ℃，终铆温度过高，会降低钉杆的（　　）。

A. 强度　　B. 塑性　　C. 初应力

三、判断题（正确的打"√"，错误的打"×"）

1. 铆接常用于承受严重冲击或振动载荷构件的连接。（　　）
2. 强固铆接适合锅炉、压缩空气罐、压力管路等的铆接。（　　）
3. 铆钉距是指一排铆钉中相邻两个铆钉的距离。（　　）
4. 铆钉的边距是指外排铆钉中心至工件板边的距离。（　　）
5. 铆钉的排距是相邻两排铆钉中心的距离。（　　）
6. 厚度差较大的板料铆接时，取较厚板料的厚度。（　　）
7. 铆钉杆长度用公式计算得出的值是精确的。（　　）
8. 热铆时，为了便于穿钉，钉孔直径应与钉杆直径接近。（　　）
9. 铆接筒形构件时，必须在弯曲之前钻孔。（　　）
10. 铆接时，铆钉的加热温度越高，其铆接质量和强度就越好。（　　）
11. 当铆钉材料塑性差或直径较大时，不适合冷铆，需采用热铆。（　　）
12. 铆接时，顶钉的好坏对铆接的质量影响不大。（　　）
13. 铆接机可以实现空间各种位置的铆接。（　　）
14. 顶把上的凹头形状、规格都应与预制钉头相符，"凹"宜深些。（　　）
15. 热铆接过程应尽可能在短时间内迅速完成。（　　）
16. 铆接时压缩空气的压力不能过高或过低。过高会影响铆钉枪的寿命，过低则降低其工作能力。（　　）
17. 铆接时，铆钉枪可以不用"点发"，直接用"连发"即可。（　　）
18. 铆钉枪若长时间不用，可浸在煤油中存放。（　　）

四、简答题

1. 什么是连接？

2. 什么是铆接？铆接的形式有哪几种？铆接具有哪些特点？

3. 简述铆钉连接的种类、特点和用途。

4. 铆钉排列的基本参数有哪些？

5. 确定铆接构件板厚的原则是什么？

6. 如何确定铆钉直径、长度和孔径？

7. 简述热铆的工艺过程。

8. 热铆时，一般钢铆钉的始铆温度和终铆温度应是多少？为什么？

9. 铆钉枪空枪操作的注意事项有哪些？

10. 简述小型构件铆接操作的准备内容、步骤与方法。

五、计算题

有一铆接件总厚度为 50 mm，假定铆钉直径为 16 mm，分别铆半圆头、沉头和半沉头铆钉，试计算出各种铆钉钉杆的长度。

子课题 2　胀　　接

一、填空题（将正确答案填写在横线上）

1. 管子和管板的连接一般都采用__________。

2. 胀接是利用________和________在外力作用下产生变形，而达到紧固和密封目的的一种连接方法。

3. 胀接的结构形式一般有__________、__________、__________和__________等。

4. 胀管器的种类较多，其结构有__________、________和________等，最常用的是__________和__________两种。

5. 胀接动力装置一般有________和________两种。

6. 胀接质量与管子、管板之间的________、__________、________等因素有关。

7. 胀接时管子的胀紧程度必须控制在一定范围内，______或______都不能保证质量，适宜的胀紧程度与管子的________、________和________的大小有关。

8. 管子与管板孔之间的间隙必须合适。如间隙过大会降低__________，影响连接强度；如间隙过小会给________带来困难。

9. 管端伸出管板的长度太短，会影响胀接后的__________；管端伸出太长，会增加介质的__________，容易引起腐蚀。

10. 管壁和管孔壁表面粗糙度合适与否直接影响到胀接强度和密封性能。若表面太粗糙，则__________减弱；若表面太光洁，则会降低__________。

二、简答题

1. 简述前进式胀管器胀杆的自动进给原理。

2. 简述常压管件胀接准备工作的内容。

3. 简述常压管件胀接的操作步骤与方法。

4. 简述常压管件胀接质量检查的内容。

课题二 焊 接

一、填空题（将正确答案填写在横线上）

1. 焊接是通过________、________，或两者并用，使两工件产生原子间结合的加工工艺和连接方式。

2. 焊接的方法很多，按焊接过程、原理及特点，一般可分为______、______和______三类。

3. 焊条电弧焊是利用电弧热使________和工件接缝处________熔化，冷却后形成牢固的焊缝。它是熔焊中最基本的一种焊接方法。

4. 焊件上的熔化金属在电弧吹力下形成一凹坑，称为________。

5. 焊接电弧由__________、__________和____________三部分组成。

6. 使用直流电焊机焊接时，工件接__________而焊条接________叫作正接法，其适用于__________焊接。

7. 焊芯起________作用，熔化后成为______________金属材料。

8. 焊条直径有多种规格，其中以直径____________mm 的焊条应用最普遍。

9. 药皮的组成成分十分复杂，根据药皮组成物在焊接过程中所起的主要作用可分为__________、__________、__________、__________、__________、__________、__________和__________八类。

10. 按焊条药皮熔化后形成熔渣的化学性质，可将焊条分为________和________两种。

11. 弧焊整流器是一种将交流电、________、________转换成直流电的弧焊电源。

12. 弧焊整流器有________、________及________等。

13. 逆变整流弧焊电源是一种新型节能弧焊电源，它具有________、________、________、________、________、________等优点。

14. 焊接构件接头形式可分为________、________、________及________四种。

15. 焊缝按空间位置，可分为________、________、________和________四种形式。

16. 焊接参数主要是指________和________。

17. 焊条直径的选择主要取决于________、________、________和________等因素。

18. 在立焊、横焊、仰焊时，为防止________过大，而避免________金属下淌，选用的焊条直径一般不超过________mm。

19. 焊接电流主要取决于________、________和________。

20. 当焊接电流合适时，________、________、________，熔渣与熔液________分离，焊缝成形均匀美观。

21. 引弧方法有________和________两种。

22. 电弧引燃后，焊条要有________、________、________三个方向的运动。

23. 焊接应力包括________和________。

24. 物体受到作用力时，会发生________、________的变化，这种现象称为变形。

25. 如果在焊接过程中焊件能自由收缩，则焊后焊件的________较大，而残余应力________；如果焊接过程中，焊件由于受到结构的限制或自身刚性大不能自由收缩，则焊后焊件________较小，但内部却存在着________残余应力。

26. 焊接过程中，对焊件进行局部不均匀的加热，是产生________与________的根本原因。

27. 根据焊接变形对结构的影响不同，焊接变形可分为________和________两类。

28. 局部变形是指构件某一部分的变形，如________、________及________等。

29. 整体变形是指整个结构的________或________发生变化，如________、________和________等。

二、选择题（将正确答案的代号填入括号内）

1. 使用直流电焊机时，工件为负极而焊条为正极叫作（　　）。

A. 正接法　　B. 反接法　　C. 其他接法

2. 焊接电弧由阴极区、阳极区和弧柱三部分组成，其温度为2 600 ℃的是（　　）。

A. 阴极区　　B. 阳极区　　C. 弧柱

3. 在焊接部位有锈蚀、油污等很难清除的情况下，应选用（　　）焊条。

A. 酸性　　B. 碱性　　C. 酸性、碱性都可以

4. 在厚板多层焊接时，低层焊缝的焊条直径一般不超过（　　）mm。

A. 4　　B. 5　　C. 6

5. 使用碱性焊条时，焊接电流与酸性焊条相比应（　　）。

A. 大一些　　B. 相同　　C. 小一些

6. 焊接时，若出现熔渣和铁液很难分清，焊缝窄而高时，则焊接电流（　　）。

A. 过大　　B. 合适　　C. 过小

7. 平焊时，沿焊接方向焊条与焊件之间的夹角应为（　　）。

A. 90°　　B. 65°～80°　　C. 45°

8. 焊件变形量的大小取决于结构的刚度。结构刚度越大，焊后引起的变形量相对地（　　）。

A. 越小　　B. 越大　　C. 大、小不一定

9. 焊缝不对称时，为了减小焊后变形，焊接顺序应是（　　）。

A. 先焊焊缝多的一侧　　B. 先焊焊缝少的一侧　　C. 同时进行

10. 对于焊接性较差的中碳钢及合金钢，应采用（　　）法减小焊后变形。

A. 刚性固定　　B. 焊后速冷　　C. 反变形

11. 为了防止焊接薄板时出现波浪变形，可采用（　　）法。

A. 刚性固定　　B. 焊后速冷　　C. 反变形

三、判断题（正确的打"√"，错误的打"×"）

1. 焊条电弧焊属于熔焊。（　　）
2. 使用直流焊机时，工件为正极、焊条为负极的称为正接法。（　　）
3. 使用交流焊机时，工件为负极、焊条为正极的称为反接法。（　　）
4. 如果在焊接部位有锈蚀、油污等并很难清除时，应选用碱性焊条。（　　）
5. 构件受冲击载荷作用时，应选用酸性焊条。（　　）
6. 对于特殊钢，要选用主要合金元素与母材相同或接近的焊条。（　　）
7. 如果母材的含碳量较高，或含硫量、含磷量较高，焊后易裂时，可选用低氢型焊条。（　　）
8. 焊条直径主要取决于焊件的厚度，厚度小，应选用较大直径的焊条。（　　）
9. 在立焊时，为了避免铁液从熔池中流出，应使熔池大一些。（　　）
10. 在立焊或仰焊时，使用相同直径的焊条，所选择的电流应比平焊时大。（　　）
11. 在焊接的过程中，若出现"咬肉"现象，说明焊接电流过大。（　　）
12. 在焊接过程中，为了保持一定的电弧长度，必须将焊条向熔池方向送进。（　　）
13. 焊钳的握法有两种，平焊时一般采用反握法。（　　）
14. 焊接结束后，要马上清除熔渣，否则温度降低后很难清除。（　　）
15. 采用刚性固定法焊后的焊件，残余应力较小。（　　）
16. 对称分布的焊缝，一般要对称进行焊接，以使各焊缝引起的变形相互抵消。（　　）
17. 为了减小中碳钢及合金钢的焊接变形，可采用刚性固定法。（　　）

四、简答题

1. 什么是焊接电弧？焊接电弧的构造及温度分布如何？

2. 什么是正接法与反接法？两者有何不同？使用交流弧焊机时，为什么不需要选择极性？

3. 焊条由哪几部分组成？各部分的作用是什么？焊条的选用主要考虑哪些因素？

4. 焊条电弧焊的焊接参数有哪些？其具体内容是什么？确定焊接电流大小的因素有哪些？

5．焊接时运条的作用是什么？

6．什么是应力？焊接应力包括哪几种？产生焊接应力的根本原因是什么？

7．控制焊接变形的措施有哪些？

8．什么是刚性固定法？什么是反变形法？

课题三　螺 纹 连 接

子课题 1　普通螺栓连接

一、填空题（将正确答案填写在横线上）

1. 螺纹连接是利用＿＿＿＿＿构成的可拆卸的＿＿＿＿＿。

2. 螺栓连接由＿＿＿＿＿、＿＿＿＿和＿＿＿＿组成。

3. 螺栓连接主要用于被连接件＿＿＿＿，能形成＿＿＿部位的连接。

4. 螺栓连接有两种，一种是＿＿＿＿＿＿＿＿＿＿＿＿＿＿连接，另一种是＿＿＿＿＿＿＿＿＿＿＿＿＿＿＿＿连接。

5. 一般螺杆长度应等于＿＿＿＿、＿＿＿＿和＿＿＿＿三者厚度之和，外加＿＿＿＿的余量即可。

6. 拧紧成组的螺栓时，必须按照＿＿＿＿＿＿＿进行，并做到＿＿＿＿＿。

7. 双头螺柱连接主要用于连接件＿＿＿＿不宜用＿＿＿＿连接的场合。

8. 双头螺柱的装配方法有＿＿＿＿＿＿＿和＿＿＿＿＿＿＿＿＿＿两种。

二、选择题（将正确答案的代号填入括号内）

1. 双头螺柱的旋入端与螺纹孔的配合应采用（　　）配合。

   A. 间隙　　B. 过盈　　C. 过渡

2. 紧固成组螺栓时，按照一定的顺序，做到（　　）次拧紧。

   A. 1　　B. 3　　C. 5

3. 受剪螺栓的孔与无螺纹杆身部分应采用（　　）配合。

   A. 间隙　　B. 过渡或过盈　　C. 基轴制

三、判断题（正确的打“√”，错误的打“×”）

1. 螺纹连接是一种可拆卸的固定连接。（　　）

2. 螺栓连接的螺栓杆身与孔壁之间一定有配合关系。（　　）

3. 螺栓装配时，一般螺栓杆长度应等于被连接件、螺母和垫圈三者厚度之和。（　　）

四、简答题

1. 螺纹连接有哪几种？各有什么特点？

2. 双头螺柱的装配方法有哪几种？装配双头螺柱时有哪些注意事项？

3. 简述法兰螺栓连接的操作步骤与方法。

子课题2　高强度螺栓连接

一、填空题（将正确答案填写在横线上）

1. 一般的螺纹连接都具有______性能，在受静载荷和工作温度变化不大时，不会__________。

2. 为了保证螺纹连接安全、可靠，避免________发生事故，必须采取有效的________措施。

3. 螺纹连接常用的防松措施有______________和______________两类。

4. 增大摩擦力的防松措施多用于________和______较小的场合。

5. 增大摩擦力的防松措施主要利用__________和________两种方法。

6. 螺纹连接时，若拧紧力矩过小，则达不到______的要求；若拧紧力矩过大，易造成螺栓______、________和螺栓、螺母的________损坏。

二、判断题（正确的打“√”，错误的打“×”）

1. 一般的螺纹连接都具有自锁性能，不必采取防松措施。（　）

2. 防松措施主要是控制螺母与螺杆之间的相对运动。（　）

三、简答题

1．简述型钢梁螺栓连接的操作步骤。

2．简述型钢梁螺栓连接的注意事项。

第十一单元　复合作业（三）

课题一　工艺规程基本知识

一、填空题（将正确答案填写在横线上）

1．生产过程中直接改变原材料（毛坯）的______、______和材料性能，使它变成产品或半成品的过程，称为____________。

2．当工艺过程的有关内容确定后，用表格形式写出来，作为加工依据的文件，称为____________。

3．工艺路线是绘制出产品制造过程的工艺流程图，通常取________形式并附以工艺路线说明，也可以用________的形式来表示。

4．编写工艺规程时，文字要____________，术语要________，符号和计量单位应符合有关________，对于一些难以用文字说明的内容，应绘制必要的________。

二、简答题

1．工艺规程具有哪些作用？

2．编制工艺规程的原则是什么？

3．编制工艺规程的步骤是什么？

课题二　搅拌机槽体制作

操作训练题（按题意将必要的内容填入表格内，并记录有关问题）

<table>
<tr><td>训练题名称</td><td rowspan="2">材质：Q235</td><td>外形尺寸/mm</td><td rowspan="2">质量：　　kg</td></tr>
<tr><td></td><td></td></tr>
<tr><td>数量：1 件</td><td>工时定额：40 h</td><td>实际工时：　　h</td><td>实际消耗材料：　　kg</td></tr>
</table>

1．搅拌机槽体图样（见图 11－1）

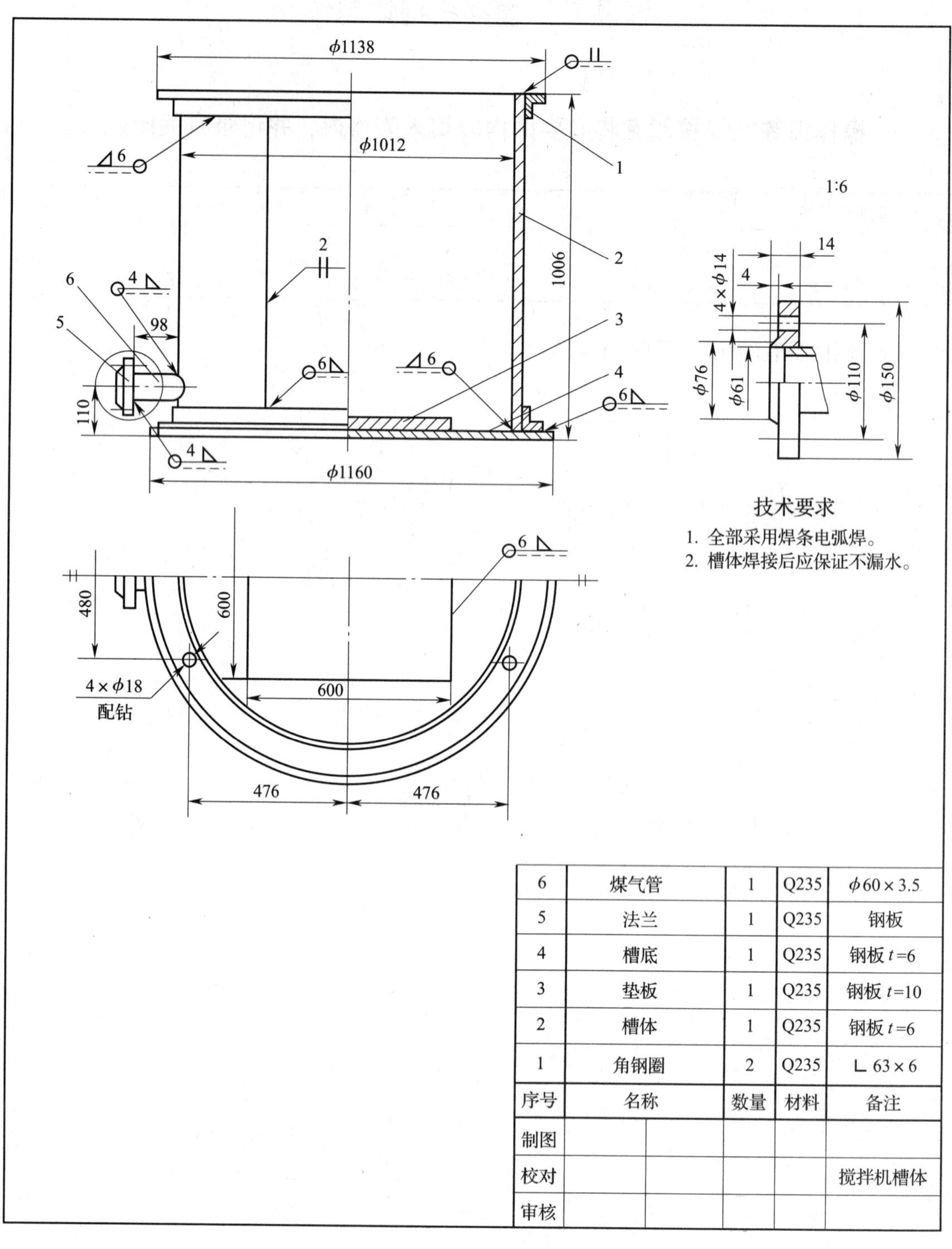

6	煤气管	1	Q235	φ60×3.5
5	法兰	1	Q235	钢板
4	槽底	1	Q235	钢板 t=6
3	垫板	1	Q235	钢板 t=10
2	槽体	1	Q235	钢板 t=6
1	角钢圈	2	Q235	∟63×6
序号	名称	数量	材料	备注
制图				
校对				搅拌机槽体
审核				

图 11－1　搅拌机槽体图样

2. 画出工序流程图

3. 安全及注意事项

4. 产品质量分析

5. 产品制作心得体会简记

课题三　筒式旋风除尘器筒体制作

操作训练题（按题意将必要的内容填入表格内，并记录有关问题）

训练题名称	材质：Q235	外形尺寸/mm	质量：　　kg
数量：1 件	工时定额：80 h	实际工时：　　h	实际消耗材料：　　kg

1. 筒式旋风除尘器筒体图样（见图 11－2）

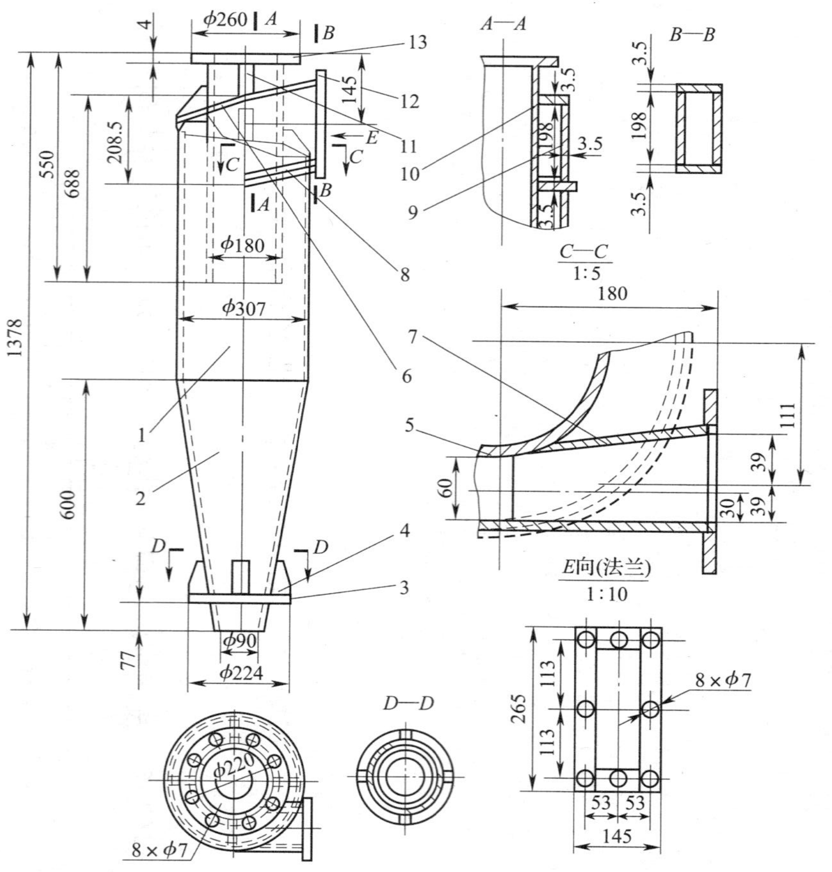

技术要求

1. 组装时全部采用焊条电弧焊接。
2. 圆锥管支承法兰3和圆锥管肋板4可在除尘器与集灰斗组装时再进行焊接。
3. 筒体轴线与排出管及圆锥管下口间的偏心不得超过2。
4. 筒体内表面刷红丹防锈漆一遍，外表面刷红丹防锈漆一遍、灰色漆两遍。

序号	名称	数量	材料	备注
13	排出管法兰	1	Q235	钢板 $t=4$
12	进口法兰	1	Q235	-30×4
11	连接板	4	Q235	钢板 $t=5$
10	顶壁	1	Q235	钢板 $t=3.5$
9	前壁	1	Q235	钢板 $t=3.5$
8	底壁	1	Q235	钢板 $t=3.5$
7	后壁	1	Q235	钢板 $t=3.5$
6	螺旋盖	1	Q235	钢板 $t=3.5$
5	排出管	1	Q235	钢板 $t=3.5$
4	圆锥管肋板	1	Q235	钢板 $t=5$
3	圆锥管支承法兰	1	Q235	钢板 $t=4$
2	圆锥管	1	Q235	钢板 $t=3.5$
1	圆管	1	Q235	钢板 $t=3.5$

制图				
描图		比例	1:15	筒式旋风除尘器筒体
审核		件数	1	

图 11－2　筒式旋风除尘器筒体图样

2．画出工序流程图

3．安全及注意事项

4．产品质量分析

5．产品制作心得体会简记

课题四　型钢组合小梁制作

操作训练题（按题意将必要的内容填入表格内，并记录有关问题）

<table>
<tr><td>训练题名称</td><td rowspan="2">材质：Q235</td><td>外形尺寸/mm</td><td rowspan="2">质量：　kg</td></tr>
<tr><td></td><td></td></tr>
<tr><td>数量：1 件</td><td>工时定额：30 h</td><td>实际工时：　h</td><td>实际消耗材料：　kg</td></tr>
</table>

1．型钢组合小梁图样（见图 11－3）

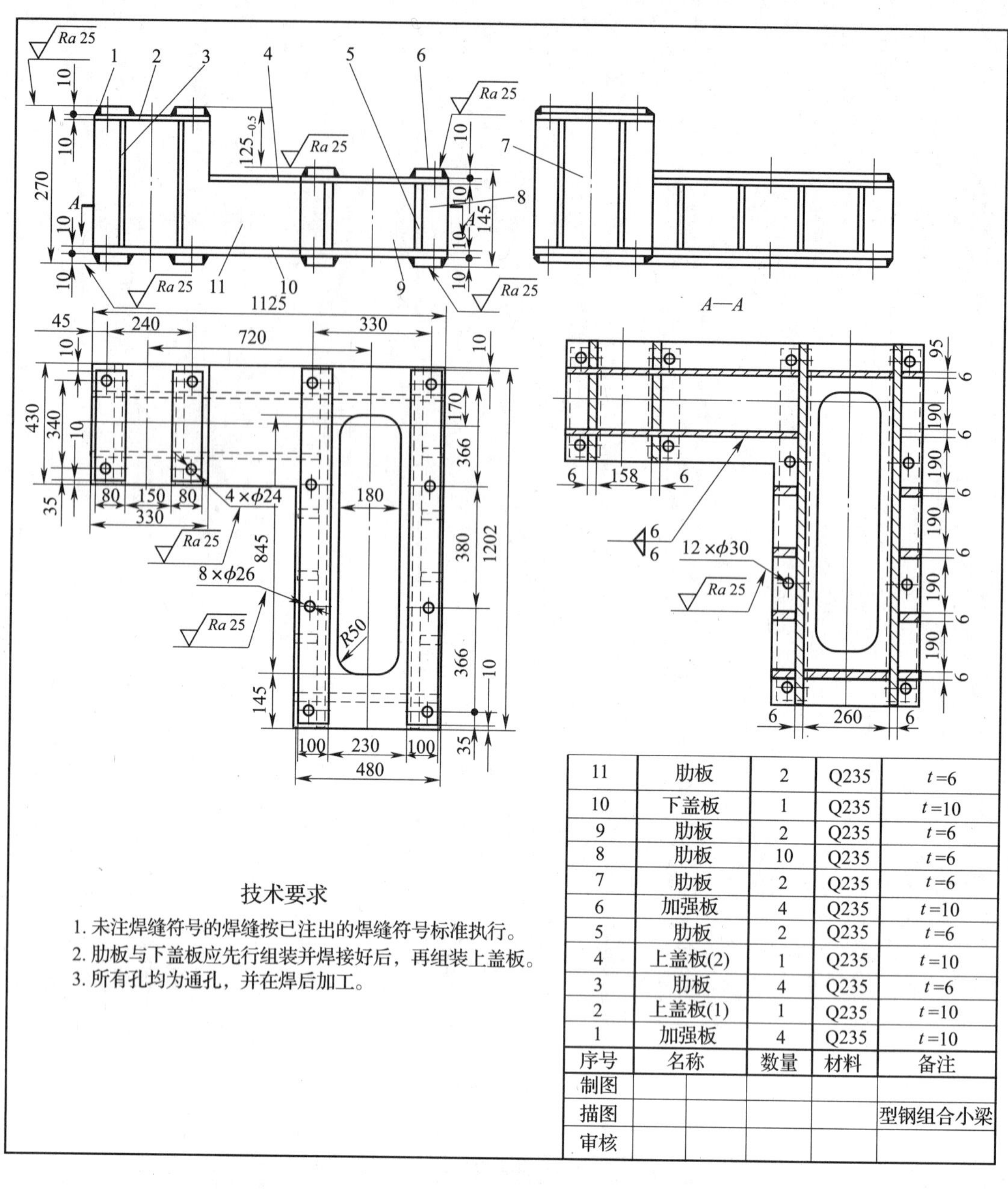

11	肋板	2	Q235	t=6
10	下盖板	1	Q235	t=10
9	肋板	2	Q235	t=6
8	肋板	10	Q235	t=6
7	肋板	2	Q235	t=6
6	加强板	4	Q235	t=10
5	肋板	2	Q235	t=6
4	上盖板(2)	1	Q235	t=10
3	肋板	4	Q235	t=6
2	上盖板(1)	1	Q235	t=10
1	加强板	4	Q235	t=10
序号	名称	数量	材料	备注
制图				
描图				型钢组合小梁
审核				

图 11－3　型钢组合小梁图样

2. 画出工序流程图

3. 安全及注意事项

4. 产品质量分析

5. 产品制作心得体会简记

课题五　储液罐体制作

操作训练题（按题意将必要的内容填入表格内，并记录有关问题）

<table>
<tr><td>训练题名称</td><td rowspan="2">材质：Q235</td><td>外形尺寸/mm</td><td rowspan="2">质量：　　kg</td></tr>
<tr><td></td><td></td></tr>
<tr><td>数量：1 件</td><td>工时定额：80 h</td><td>实际工时：　　h</td><td>实际消耗材料：　　kg</td></tr>
</table>

1. 储液罐体图样（见图 11－4）

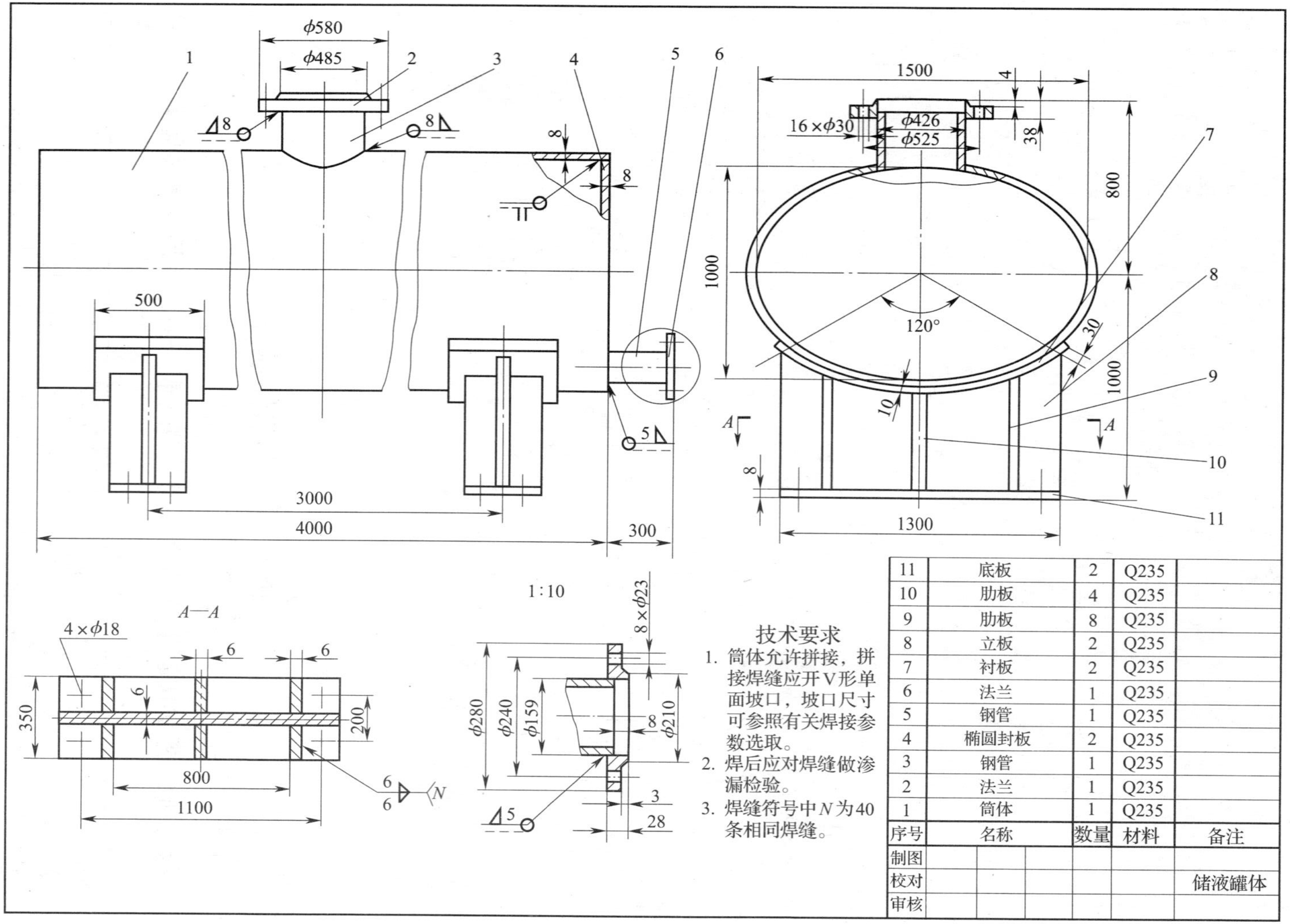

技术要求

1. 筒体允许拼接，拼接焊缝应开V形单面坡口，坡口尺寸可参照有关焊接参数选取。
2. 焊后应对焊缝做渗漏检验。
3. 焊缝符号中N为40条相同焊缝。

序号	名称	数量	材料	备注
11	底板	2	Q235	
10	肋板	4	Q235	
9	肋板	8	Q235	
8	立板	2	Q235	
7	衬板	2	Q235	
6	法兰	1	Q235	
5	钢管	1	Q235	
4	椭圆封板	2	Q235	
3	钢管	1	Q235	
2	法兰	1	Q235	
1	筒体	1	Q235	
制图				
校对				储液罐体
审核				

图 11－4　储液罐体图样

2. 画出工序流程图

3. 安全及注意事项

4. 产品质量分析

5. 产品制作心得体会简记